# 哇！20天就学会 Scratch3.0

[韩]郭文基 编著　叶晓莹 译

湖南科学技术出版社

**图书在版编目（ＣＩＰ）数据**

哇！20 天就学会 Scratch3.0 /（韩）郭文基编著；叶晓莹译 . —长沙：湖南科学技术出版社，2021.10
ISBN 978-7-5710-1164-2

Ⅰ . ①哇… Ⅱ . ①郭… ②叶… Ⅲ . ①图形软件 Ⅳ . ① TP317.4

中国版本图书馆 CIP 数据核字（2021）第 169030 号

WA! 20 TIAN JIU XUEHUI Scratch 3.0

哇！20 天就学会 Scratch3.0

编　　著：〔韩〕郭文基
译　　者：叶晓莹
责任编辑：王　燕　　杨　林
出版发行：湖南科学技术出版社
社　　址：长沙市芙蓉中路一段 416 号泊富国际金融中心
网　　址：http://www.hnstp.com
邮购联系：本社教材发行科 0731-82194012
印　　刷：湖南天闻新华印务邵阳有限公司
　　　　　（印装质量问题请直接与本厂联系）
厂　　址：邵阳市东大路 776 号
邮　　编：422001
版　　次：2021 年 10 月第 1 版
印　　次：2021 年 10 月第 1 次印刷
开　　本：880mm×1230mm　1/16
印　　张：13.5
字　　数：220 千字
书　　号：ISBN 978-7-5710-1164-2
定　　价：68.00 元

# 序 言

## 计算机教育（sw），培养第四次工业革命时代的必要竞争力

随着人工智能、大数据（Big Data）、物联网与云计算（Cloud Computing）等 ICT（Information and Communications Technologies）技术的发展，"第四次工业革命时代"已经到来，它使我们的生活出现了意想不到的变化。为了获得第四次工业革命时代的必要竞争力，我们需要普及计算机教育。

为了灵活运用渗透至日常生活方方面面的 ICT 技术，"计算思维"必不可少。计算机教育能够培养计算思维与问题解决能力，这些能力会对"第四次工业革命"时代浪潮下的学生们起到十分重要的作用。

## 计算机教育，培养智能信息社会综合创意人才

从 2018 年开始，计算机教育成为韩国中小学的必修课程。政府做好了对中小学生进行计算机教育的充分准备，并颁布了促进中小学计算机教育发展的《计算机教育促进基本计划》。

在韩国，根据 2018 年试行的《2015 年教育课程修订条例》，小学生从 2019 年起每个学期须要进行 17 小时以上的计算机课程，而中学生则从 2018 年开始每个学期须要阶段性地接受 34 小时以上的计算机授课。在智能信息社会，以价值创造为核心的计算机领域将变得尤为重要。因此，通过强化小学、初中、高中学生的计算机课程教育，能够促进培养具有创造力、逻辑思维能力与问题解决能力的人才。

## 计算机教育的起点，Scratch

Scratch 是美国 MIT 大学（麻省理工学院）的"终身幼儿园团队"（"Lifelong Kindergarten Group"）运营的项目，是为了让大家更简单快捷地学习编程而开发的教育用语言环境。适用于所有年龄阶段，但主要面向的对象是 8 岁至 16 岁的中小学生。

在英语字典中，"from scratch"被解释为"from the very beginning"，意为"开始或十分简单的起始阶段"。开发 Scratch 的目的是让初次接触编程的学生能体会到编程的简单有趣。

本书是"为初次接触编程的学生"而编写的。

全书共 4 个章节，第 1 章介绍 Scratch，第 2 章学习简单的准备活动，第 3 章通过故事讲述动画制作，第 4 章详细讲述如何制作各种游戏。

本书内容从易至难，以使学生们在 20 天内学完 Scratch 的所有内容。学完本书后，你将能够独立使用 Scratch 编写程序。

书中使用的例题与图片等都可通过多乐园主页（www.darakwon.co.kr）（如不懂韩文，可在线翻译网页）下载使用。

*Thanks To…*

在此向本书编写过程中一直给予我帮助与力量的多乐园儿童出版部崔云先（音）部长、朴秀熙（音）代理，以及亲爱的夫人金娜静（音）、突然长大的儿子东炫（音），表达我的感谢与爱意。最后，感谢我的父亲、母亲。

# 结构与特征

## 20天学会Scratch编程！

在开始编程之前，通过"学什么，提前预览作品，了解角色 / 背景 / 积木"思考如何编程。

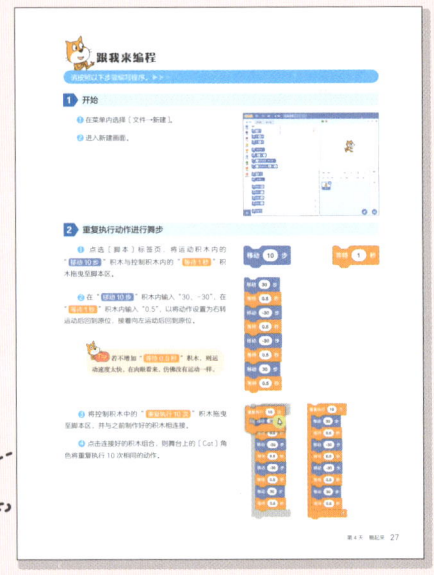

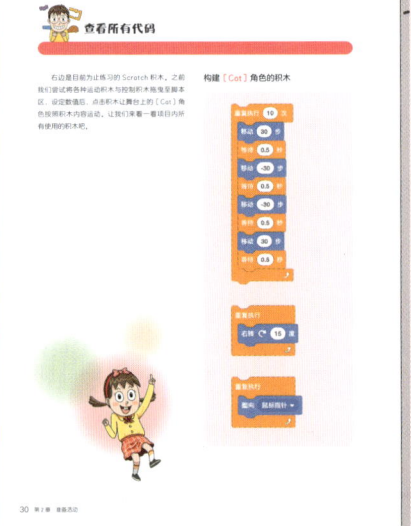

## 查看所有代码

查看目前编写程序的所有代码。

## 跟我来编程

使用 Scratch 程序直接进行编程。

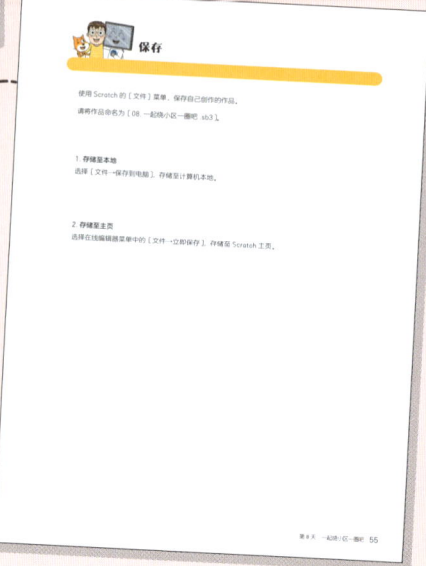

## 保存

保存自己创作的作品。

4

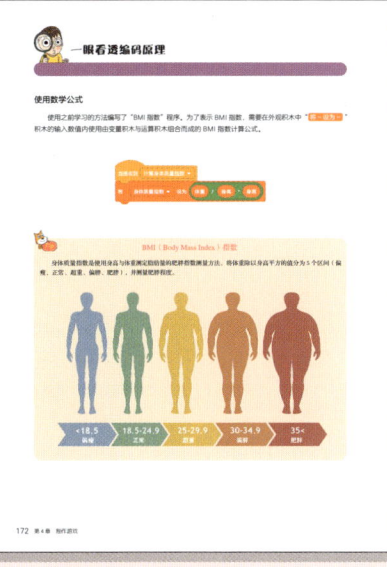

## 一眼看透编码原理

通过讲解作品编码蕴含的原理，培养计算思维。

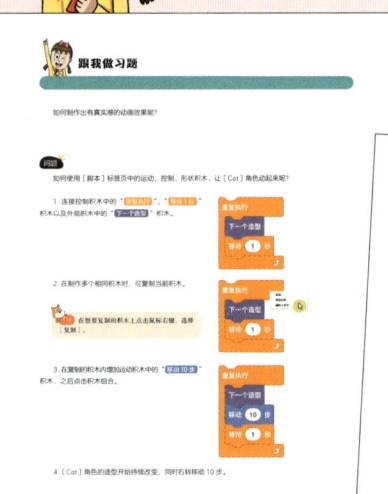

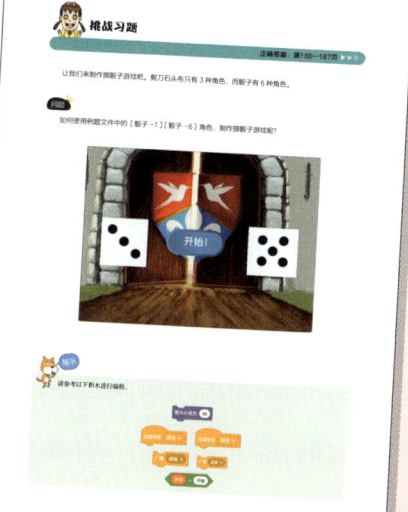

## 跟我做习题/挑战习题

运用之前学过的内容，跟我做习题或者独自挑战习题。

## 附录

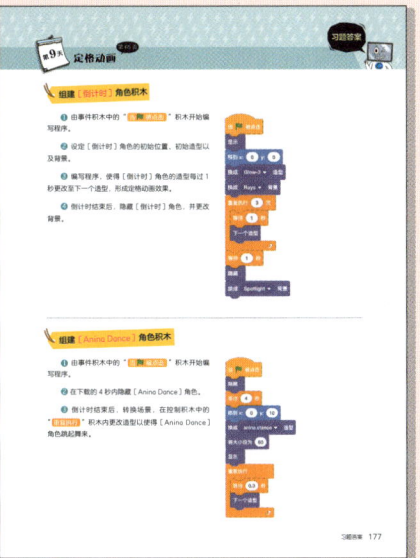

· **习题答案**：核对习题的正确答案。
· **积木说明合集**：浏览 Scratch 所有积木的说明。

# 第1章
## Scratch，很高兴认识你！

# 第3章
## 讲故事

第 2 章
准备活动

第 4 章
制作游戏

附录

# 第 1 章
# Scratch，很高兴认识你！

 Scratch 是什么？

 了解 Scratch

# Scratch 是什么?

回家应该就能看到新买的电脑了吧？好想快点回家玩游戏······

我回来啦！

别有了电脑以后就只知道在房间里玩游戏！！！！

遵命！

我的电脑！

什么？发生了什么事？

你好，东炫。我是可丁。

电脑长出了手和脚？

为什么这么吃惊呀？在我们身边也经常能看到长着手和脚的电子机械装置呢！

 制造机器人

 情感机器人

 智能物流机器人

 手术机器人

在过去，机器人替代人力做着单纯重复的劳动；而现在，机器人开始在各种领域代替人力。

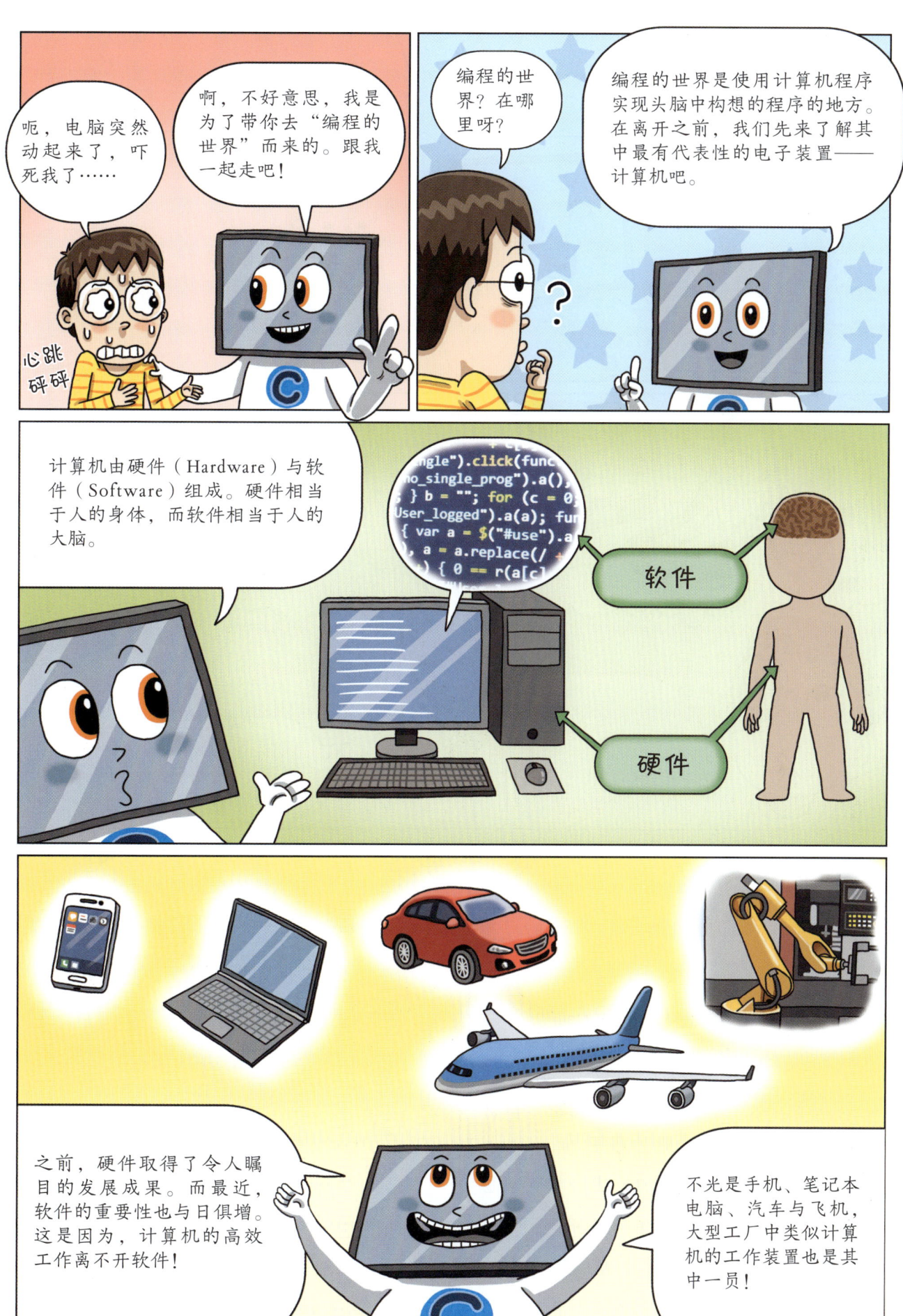

"为了更有效率地提升计算思维，让我们一起愉快地学习 Scratch 的操作说明吧！"

### 计算思维是什么?

计算思维（Computational Thinking）作为类似使用计算机解决问题的方式，主要为"解决问题的顺序"与"解决问题的技术能力"。

计算机无法自行解决问题，因此需要使用用户的编程能力。如果拥有计算思维，就能用更少的费用更简便快捷地解决问题。

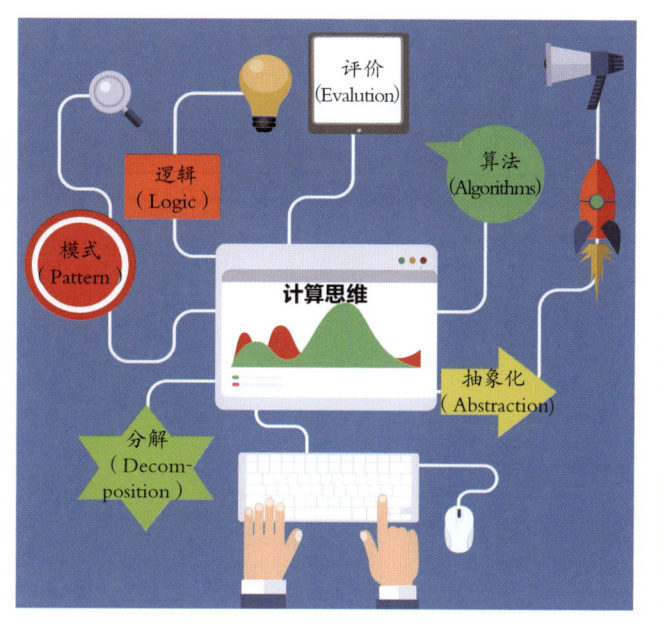

## 使用计算思维解决问题的程序

**1** **收集并分析材料：** 为了使材料能被计算机识别而进行数字化处理的过程。

**2** **分解：** 将材料、过程、问题等进行细化分解的过程。

**3** **模式化：** 观察数据内的模式、动向以及规则的过程。

**4** **抽象化：** 建立模式制定原则以改善思维的过程。

**5** **算法：** 为解决问题而将程式化的思维具象化的过程。

**6** **自动化：** 使用 Scratch、Entry 等程序实现计算思维的过程。

## 第2天

# 了解 Scratch

**学什么?**

- 学习在 Scratch 主页注册会员,了解 Scratch 主页菜单
- 了解 Scratch 在线编辑器
- 了解软件学习网站

---

**1** **在 Scratch 主页注册会员**

1. 进入 Scratch 主页(目前 Scratch 中国官网不可用,可百度搜索 Scratch,进入相关 Scratch 网站即可使用在线编辑器),点击右上角"登录"按钮。

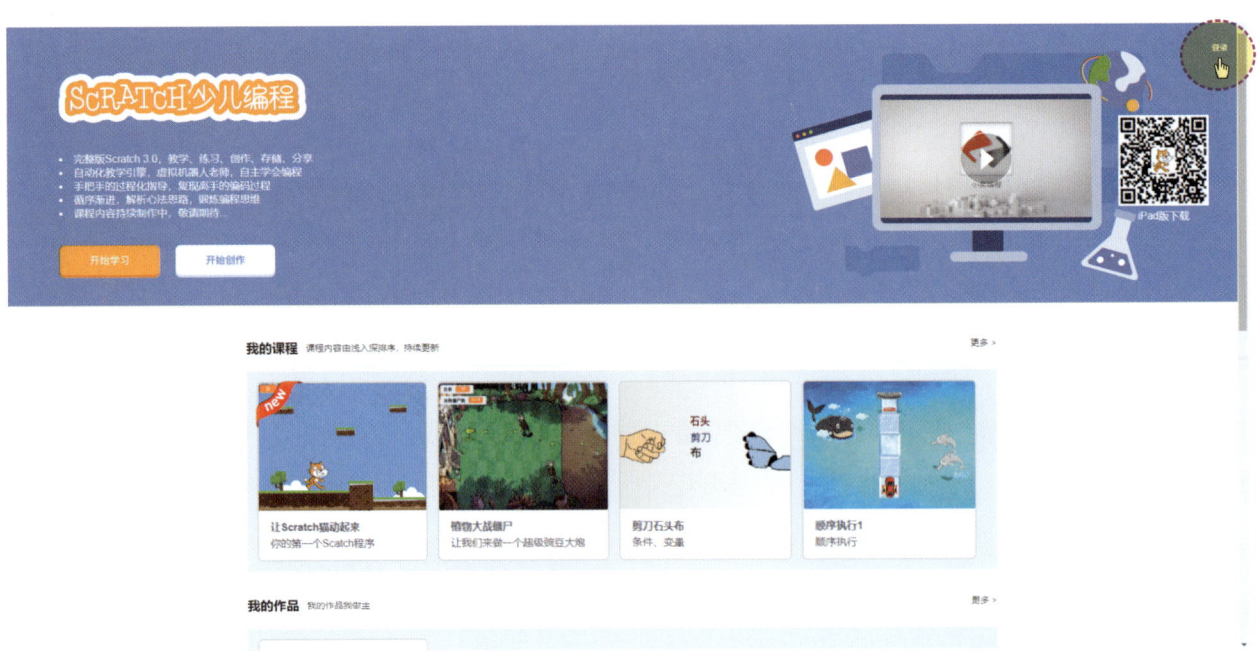

2. 按照要求输入手机号并获取验证码，如果之前没有注册，将自动创建账号。

3. 输入用户名（用户名要求 2—10 个字符长度）并点击提交。完成登录。

**4.** 登录完成。可以开始学习和创作啦。

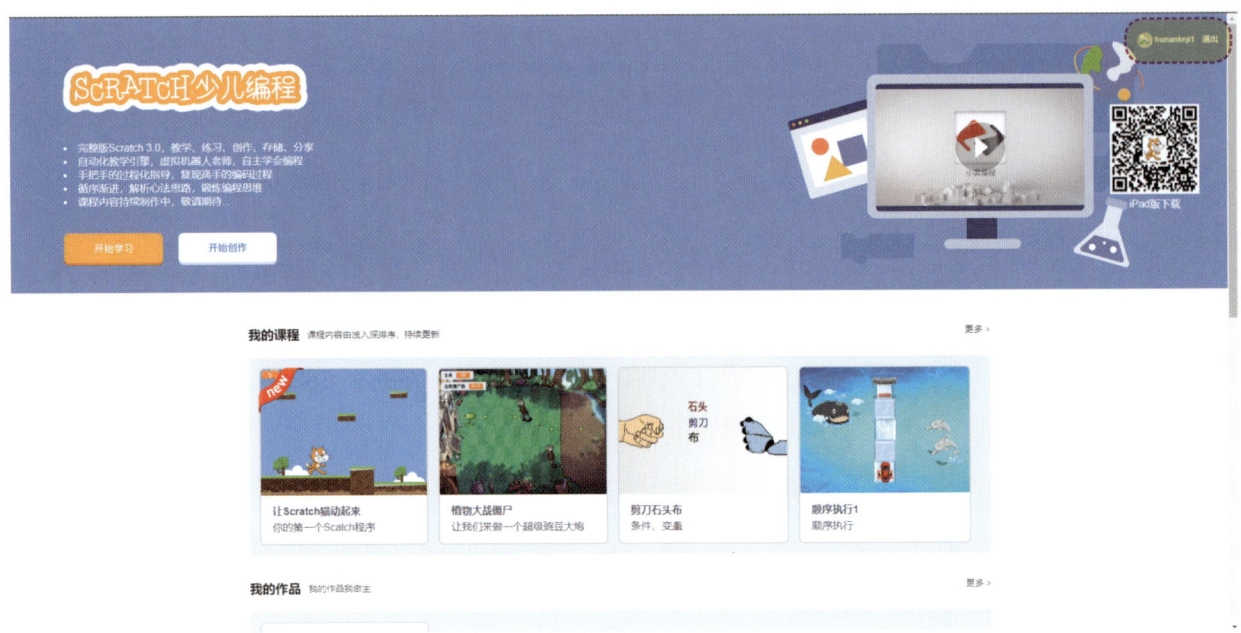

现在我们已经完成了注册会员流程，可以使用Scratch了。

## 2 了解 Scratch 主页菜单

1. "我的课程"，课程内容由浅入深排序，且持续更新。

2. "我的作品"，点击开始创作，创作自己的编程作品。

3. "推荐作品"，时不时推荐国内外有意思的作品。

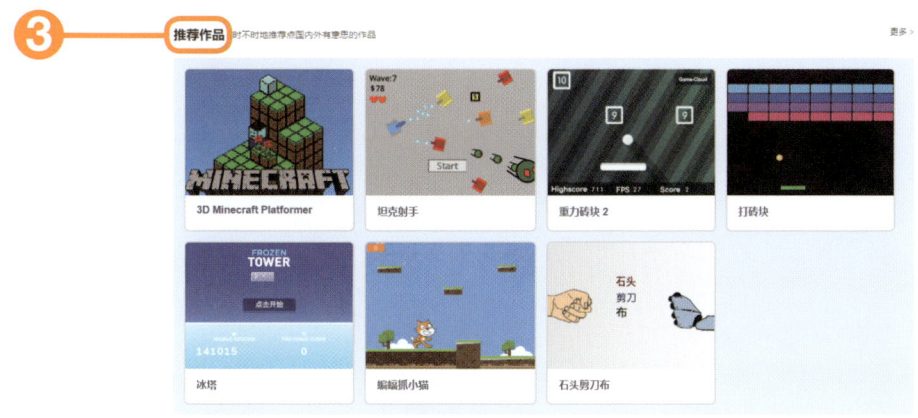

## 3 了解 Scratch 在线编辑器

1. 在主页点击"开始创作"，即可进入 Scratch 在线编辑器进行创作。

2. 如果需要下载 iPad 版 Scratch，请使用 iPad 扫描主页右上角的二维码，并跳转至 App store 进行下载。

3. 在线编辑器基本用语

- **角色**：可以使用积木进行控制的 Scratch 对象或登场人物。
- **舞台（Stage）**：Scratch 画面的背景。
- **积木（Block）**：运动、外观、声音、事件、控制、侦测、运算、变量、自制积木等的命令。
- **项目（Project）**：由一个以上的角色等组成并存储的单位。

## 4. 在线编辑器画面构成

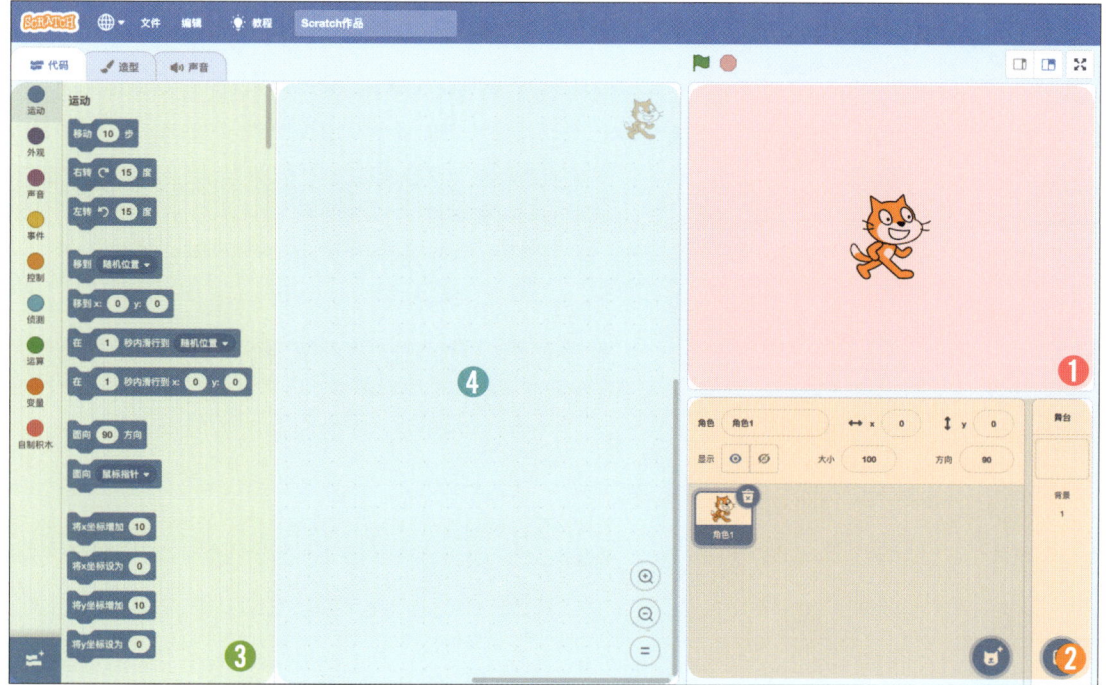

❶ 舞台区：展示背景、角色等的最终画面。

❷ 角色区：管理舞台的背景及角色。

❸ 积木区：拥有各种使得背景、角色等动起来的积木。

❹ 脚本区：利用积木区中的各种积木，编写舞台上的动作的编程区域。

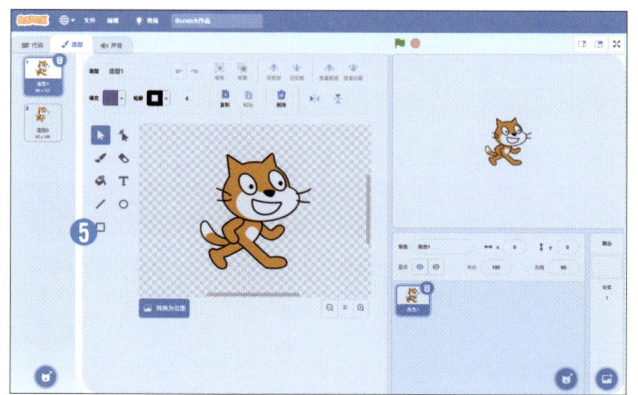
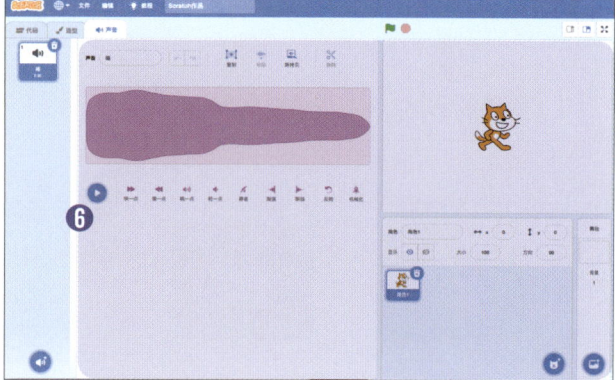

❺ 造型／背景编辑：本区域可以对角色的造型以及背景设计进行编辑。

❻ 声音编辑：本区域可以对声音进行编辑。

## 5. 积木的构成

| 中文 | 英文 |
|------|------|
| 运动 | Motion |
| 外观 | Looks |
| 声音 | Sound |
| 事件 | Events |
| 控制 | Control |
| 侦测 | Sensing |
| 运算 | Operators |
| 变量 | Variables |
| 自制积木 | My Blocks |

Tip 若熟悉英文，则可以更轻松地理解积木用语。

### 运动（Motion）

控制角色的位置、旋转、方向等动作的积木。

### 外观（Looks）

控制角色或背景的大小、造型等外观的积木。

### 声音（Sound）

对声音的播放、音效等进行管理的积木。

### 事件（Events）

开始一个 Scratch 项目或编排多个事件的积木。

### 控制（Control）

控制条件、重复执行等项目流程的积木。

### 侦测（Sensing）

侦测位置、色彩、鼠标等变化的积木。

### 运算（Operators）

对值进行加减等相关运算、更改文字的积木。

### 变量（Variables）

为对值进行存储，对变量与列表进行组织管理的积木。

### 自制积木（My Blocks）

可将经常反复使用的积木形成自制积木。

### 增加扩展功能（Add Extension）

可增加如音乐、笔刷、视频侦测、文本声音转换（TTS）、翻译等各种扩展功能的积木。

# 4 更多参考网站

中国少儿编程网

中国爱好者社区

少儿编程网

# 第 2 章
# 准备活动

 第3天　动起来

 第4天　舞起来

 第5天　从绿色小旗开始

 第6天　添加角色

 第7天　存储与共享

接下来连接积木，看看会发生什么吧！

仔细观察，如果我们合体，将会发生什么呢！

移动 10 步

右转 15 度

合体！

移动 10 步
右转 15 度

啊！我的身体自动向前移动，接着右转了！

哇，原来可以按照积木顺序移动猫咪呀。

扯~！

你太可爱啦！

馆长先生！我有个疑问。除了猫咪，还可以移动其它东西吗？

当然了！

如果把 Scratch 看作话剧舞台或者电视剧片场，那么猫咪就是登场角色。登场角色当然可以随意添加或者更换。

你们可以把自己想象成话剧的编导或者电视剧的制作人（Producer），想象一下自己想做的东西吧！

好~卡！

嘻嘻！

我可以通过 Scratch 做什么呢？

东炫、彬娜，让我们来详细学习 Scratch 的编程方法吧！

# 第3天 动起来

## 学什么?

- 学习 Scratch 编程的基本步骤
- 将积木拖曳至脚本区并运行积木上标记的内容
- 连接多个积木,输出结果

## 提前预览作品

要想使猫咪动起来,应该怎么做呢?在脚本标签页中,将表现移动的运动积木拖曳至脚本区,尝试让猫咪动起来吧!

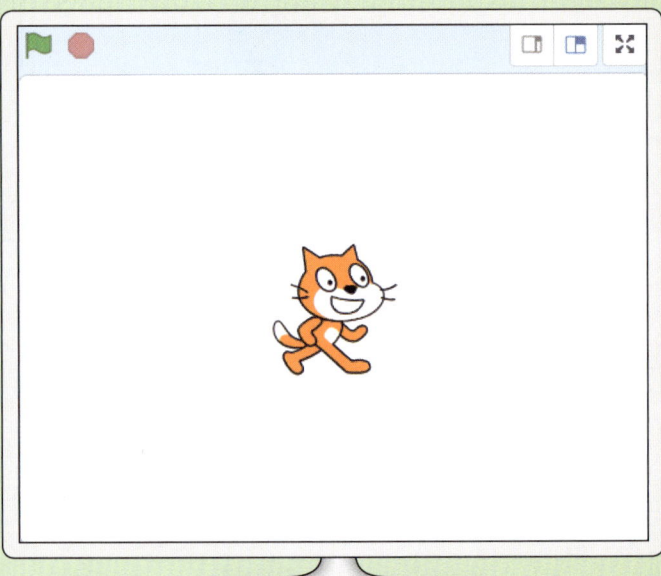

## 了解角色与积木

| 角色 | 积木 |
|---|---|

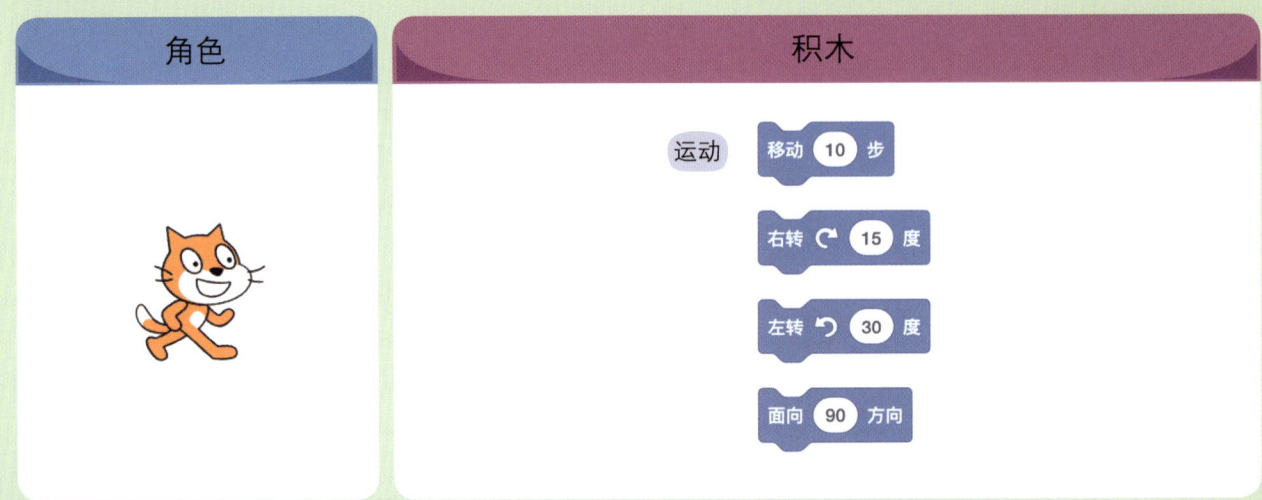

# 跟我来编程

## 1 开始

❶ 在菜单内选择〔文件→新建〕。

❷ 进入新建界面。

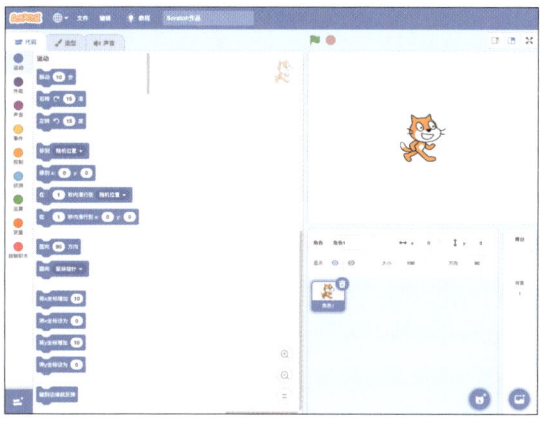

## 2 选择积木

❶ 在〔脚本〕标签页的运动积木内,点按鼠标左键不放,将"移动10步"积木拖曳至脚本区。

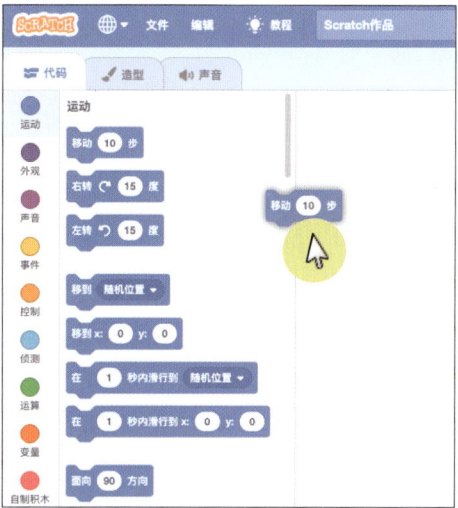

❷ 点击放置在脚本区内的"移动10步"积木,使舞台上的〔Cat〕角色向前移动10步。

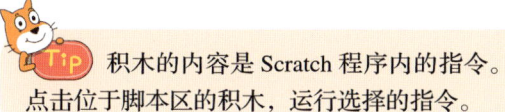
积木的内容是 Scratch 程序内的指令。
点击位于脚本区的积木,运行选择的指令。

① 在［脚本］标签页的运动积木中将其它积木拖曳至脚本区。

② 在各积木的空格内输入想要输入的数值。

Tip "面向90方向"积木的方向以0度为基准设定值，右转表示为180度，向左表示为–180度。

③ 使用鼠标左键点击各积木。

④ 舞台上的［Cat］角色按照积木内容移动。

## 4 连接积木

① 在［脚本］标签页的运动积木中将"移动10步"积木拖曳至脚本区。

② 在"移动10步"积木的空格内分别输入"30"与"-30"。

Tip 正数（+）与负数（-）能让角色往不同的方向移动。"移动30步"积木是使角色向右移动30步，而"移动-30步"是使角色向左移动30步。

③ 为使其它积木方便相互连接，积木呈现凹凸不平的形状，若将各积木咬合，则积木连接成功。

Tip 当积木之间相互靠近时，会出现虚线辅助线，告知这两个积木可以互相连接。

④ 分别用鼠标左键点击连接成功的积木。

⑤ 舞台上的［Cat］角色按照连接积木内容移动。

## 查看所有代码

以下是目前为止进行练习的 Scratch 积木。之前我们尝试将各种运动积木拖曳至脚本区，让舞台上的〔Cat〕角色按照积木内容进行运动。此外，在 2 个积木相互连接的情况下，角色按照连接的顺序进行运动。

让我们来看一看项目内所有使用的积木吧。

### 组建〔Cat〕角色的积木

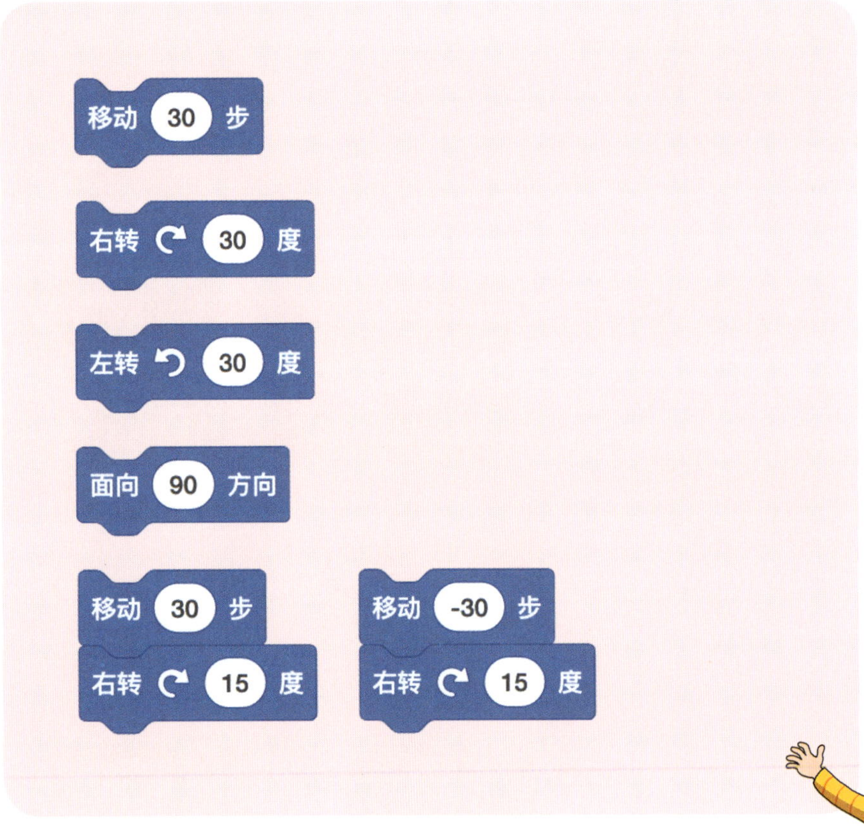

移动 30 步

右转 ↻ 30 度

左转 ↺ 30 度

面向 90 方向

移动 30 步
右转 ↻ 15 度

移动 -30 步
右转 ↻ 15 度

跟我做习题

如何表现声音或说话?

如何组合［脚本］标签页中的运动、声音、外观、控制积木，让［Cat］角色动起来呢?

1.连接运动、声音积木，让［Cat］角色右转移动30 步后，发出"喵"声。

2.连接运动、声音、外观积木，让［Cat］角色右转移动 30 步后发出"喵"声，并说"你好!"，然后向左移动 30 步回到原位。

3.连接运动、声音、控制积木，让［Cat］角色右转移动 30 步后发出"喵"声，并等待 1 秒，然后向左移动 30 步回到原位。

# 舞起来

## 学什么？

- 学习 Scratch 程序的基本步骤
- 尝试处理重复执行事件
- 将重复执行的动作制作成舞步

## 提前预览作品

我们跳舞时是如何运动的呢？使用脚本标签页中的运动与控制积木，让猫咪舞动起来吧！

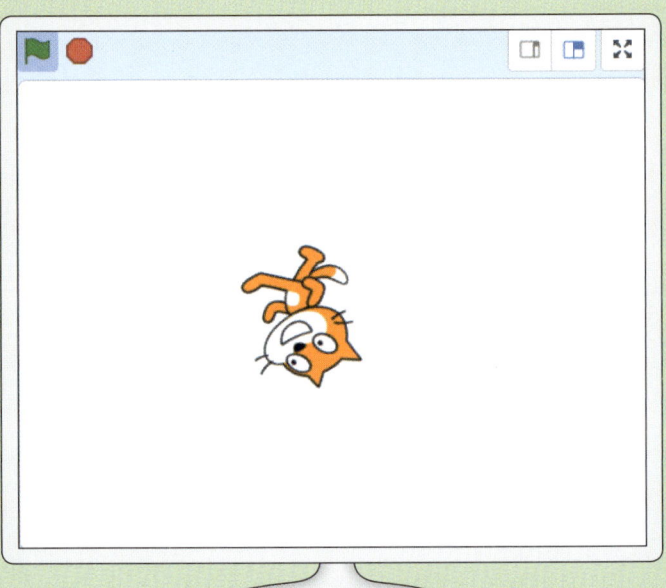

## 了解角色与积木

| 角色 | 积木 |
|---|---|
| | 运动：移动 10 步 ；右转 ↻ 30 度 ；面向 鼠标指针 ▾　控制：等待 1 秒 ；重复执行 10 次 ；重复执行 |

# 跟我来编程

## 1 ▶ 开始

❶ 在菜单内选择［文件→新建］。

❷ 进入新建画面。

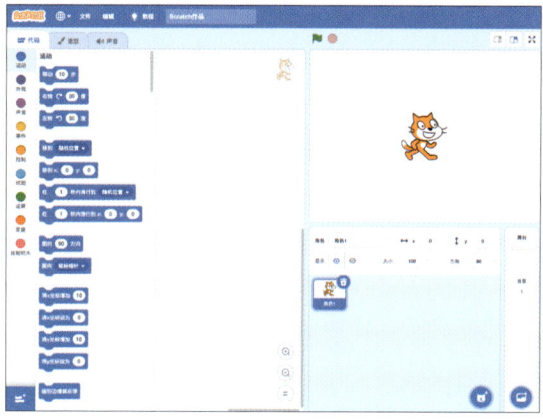

## 2 ▶ 重复执行动作进行舞步

❶ 点选［脚本］标签页，将运动积木内的"移动10步"积木与控制积木内的"等待1秒"积木拖曳至脚本区。

❷ 在"移动10步"积木内输入"30、-30"，在"等待1秒"积木内输入"0.5"，以将动作设置为右转运动后回到原位，接着向左运动后回到原位。

Tip 若不增加"等待0.5秒"积木，则运动速度太快，在肉眼看来，仿佛没有运动一样。

❸ 将控制积木中的"重复执行10次"积木拖曳至脚本区，并与之前制作好的积木相连接。

❹ 点击连接好的积木组合，则舞台上的［Cat］角色将重复执行10次相同的动作。

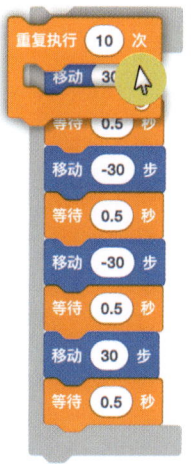
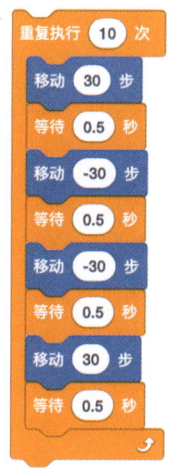

❶ 将控制积木中的"重复执行"积木与运动积木中的"右转 ↻ 15度"积木拖曳至脚本区。

❷ 连接"重复执行"积木与"右转 ↻ 15度"积木。

❸ 点击连接后的积木组合，[Cat]角色开始在原地不停旋转。

> 进入[造型]标签页，点选[Cat]角色，按住鼠标左键不放并拖曳，[Cat]角色的位置被移动，可以选择旋转的中心位置。

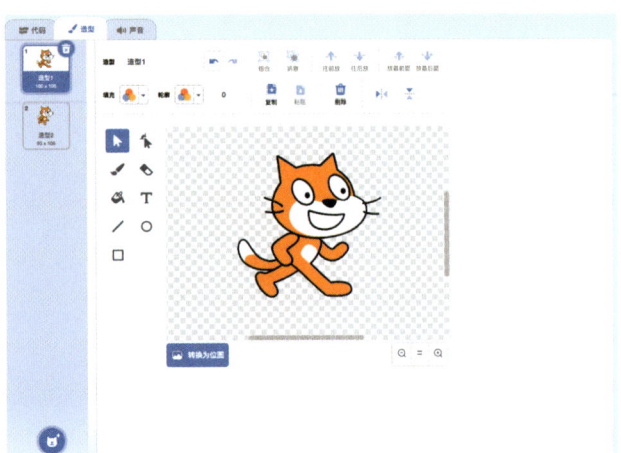
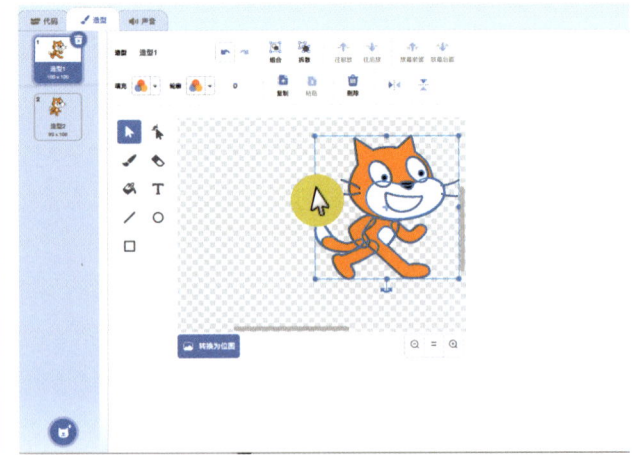

## 4 跟着鼠标位置旋转

❶ 将控制积木中的 " 重复执行 " 积木与运动积木中的 " 面向鼠标指针▼ " 积木拖曳至脚本区。

❷ 将 " 重复执行 " 积木与 " 面向鼠标指针▼ " 积木相连接。

" 面向鼠标指针▼ " 积木是在舞台上随着鼠标指针移动的方向改变角色的方向。

❸ 点击连接后的积木组合，舞台上的［Cat］角色开始随着鼠标指针的移动而转换方向。

在角色区，可以查看舞台上［Cat］角色目前的属性。在方向一栏中，随着鼠标指针的移动，方向值也随之改变。

## 查看所有代码

右边是目前为止练习的 Scratch 积木。之前我们尝试将各种运动积木与控制积木拖曳至脚本区，设定数值后，点击积木让舞台上的 [Cat] 角色按照积木内容运动。让我们来看一看项目内所有使用的积木吧。

### 构建 [Cat] 角色的积木

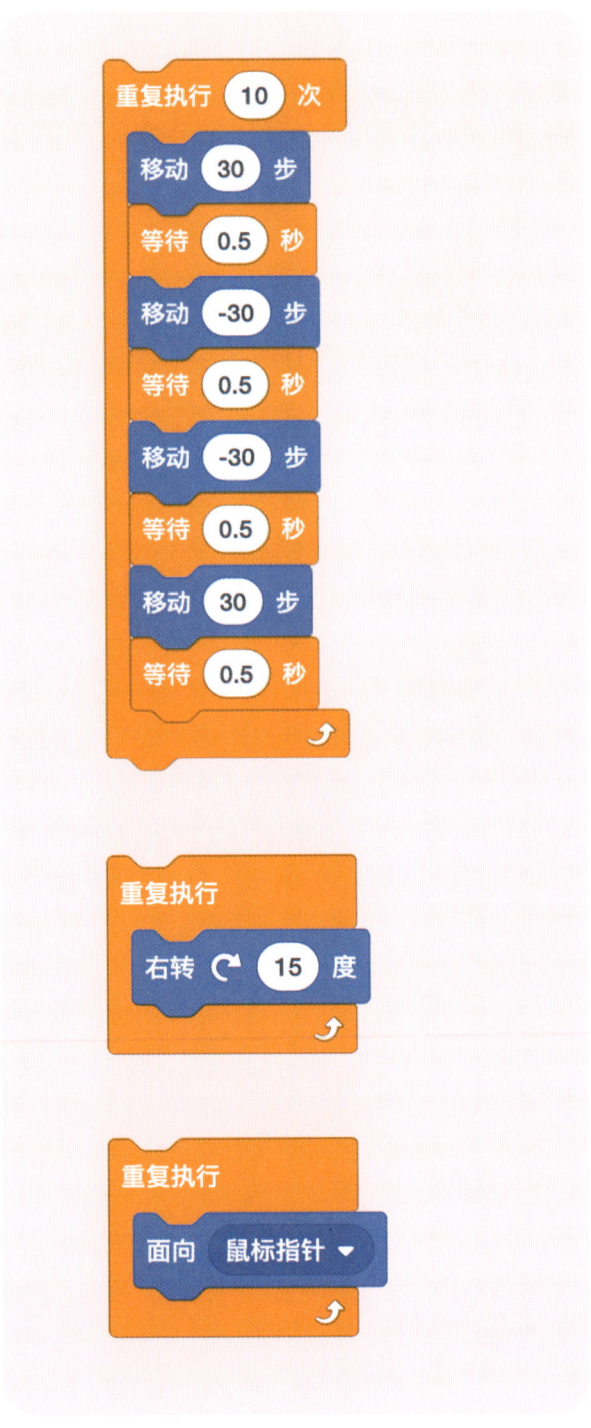

## 跟我做习题

如何制作出有真实感的动画效果呢?

问题

如何使用〔脚本〕标签页中的运动、控制、形状积木,让〔Cat〕角色动起来呢?

1. 连接控制积木中的 " 重复执行 "、" 等待1秒 "
积木以及外观积木中的 " 下一个造型 " 积木。

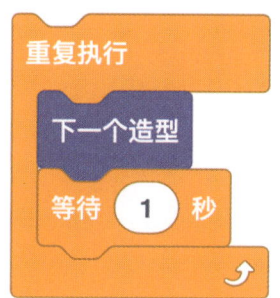

2. 在制作多个相同积木时,可复制当前积木。

Tip 在想要复制的积木上点击鼠标右键,选择
〔复制〕。

3. 在复制的积木内增加运动积木中的 " 移动10步 "
积木,之后点击积木组合。

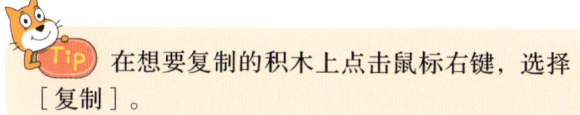

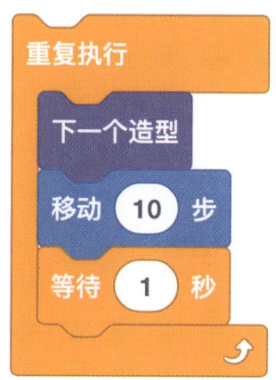

4.〔Cat〕角色的造型开始持续改变,同时右转移动10步。

# 从绿色小旗开始

## 学什么?

- 点击绿色小旗 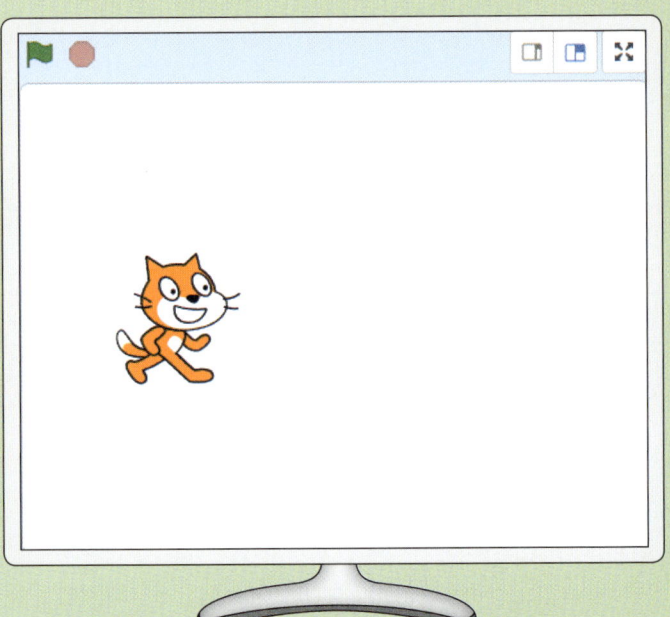 之后运行程序的方法
- 制作点击角色之后发生的事件
- 了解事件

## 提前预览作品

在有多个积木组合的情况下，如何开始 Scratch 呢？就像小汽车出发时挥动旗帜发出信号一样，Scratch 也需要开始信号。点击舞台左侧的绿色小旗 ，运行程序吧!

## 了解角色与积木

| 角色 | 积木 |
|---|---|

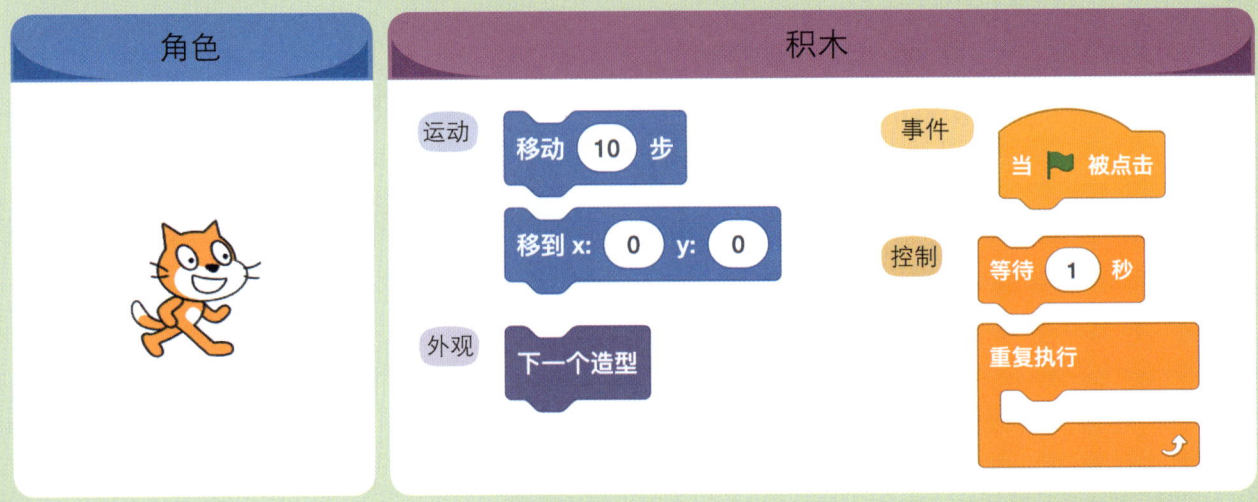

# 跟我来编程

请按照以下步骤编写程序。 ▶▶▶

## 1 开始

❶ 在菜单内选择［文件→新建］。

❷ 进入新建画面。

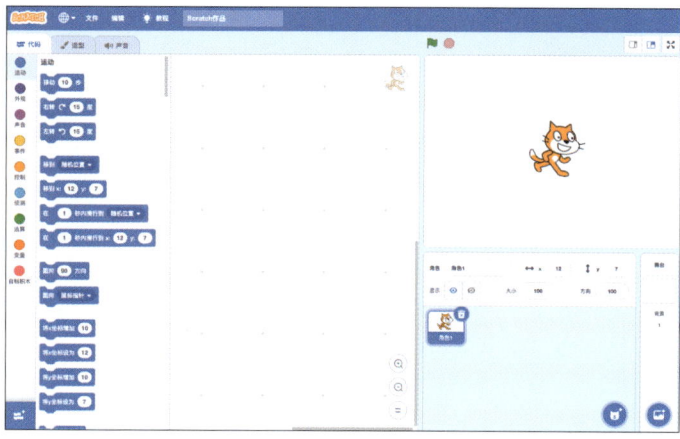

## 2 点击绿色小旗开始程序

❶ 将事件积木中的"当 ▶ 被点击"积木拖曳至脚本区。

> Tip "当 ▶ 被点击"积木位于积木集合的最上方，可用来设定积木的运行方式与运行顺序。

❷ 将运动积木中的"移到 x: 0 y: 0"积木拖曳至脚本区并连接"当 ▶ 被点击"，设定［Cat］角色将要移动的位置。

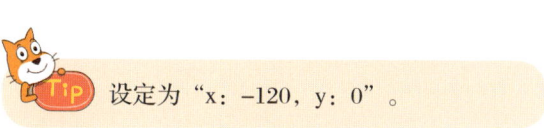

> Tip 设定为"x：-120，y：0"。

❸ 拖曳控制积木中的"重复执行"积木并连接，使初始状况及运行内容得以重复。

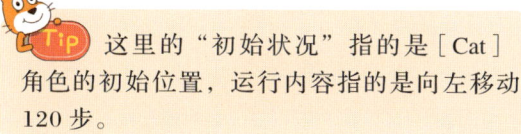

> Tip 这里的"初始状况"指的是［Cat］角色的初始位置，运行内容指的是向左移动120步。

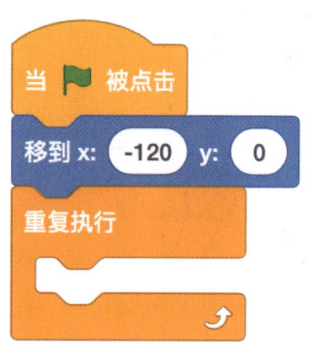

增加运行内容

① 将外观积木中的 "  "、动作积木中
的 " 移动10步 "、控制积木中的 " 等待1秒 " 积木
相互连接，构成运行内容。

**Tip** 将 " 等待1秒 " 积木的输入数值设
定为 "0.1"。

② 将组建的以上运行积木连接至 " 重复执行 " 积
木内，使得运行内容持续重复。

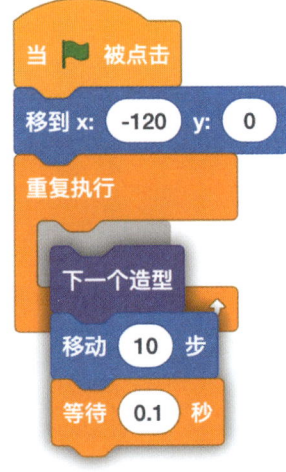

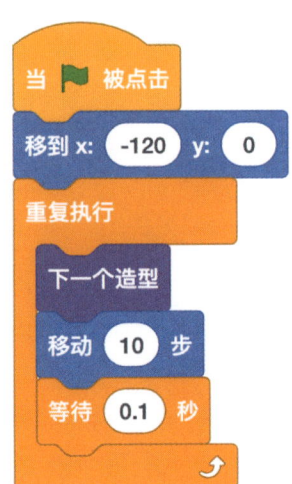

❶ 点击舞台左上方的绿色小旗 ▶，运行程序。

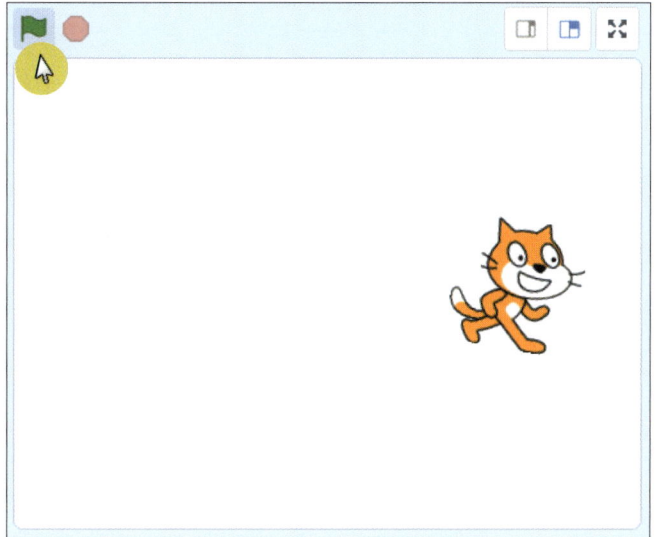

 点击绿色小旗 ▶ 右侧的红色圆点，则运行中的 Scratch 停止运动。

❷ 舞台上的［Cat］角色将从左至右持续运动。

在 Scratch 中，事件（Event）意味着在特殊情况下运行特定的动作。举例来说，在奥林匹克运动会的田径比赛中，裁判扣动信号枪的扳机即是发出起跑信号，而在起跑点准备着的选手接收到信号就会开始全力奔跑。若将此例与其作比，则 Scratch 中的事件就是指触发约定特殊事件的扳机。

# 查看所有代码

以下是目前为止练习的 Scratch 积木。之前我们将事件积木中的" 当 🚩 被点击 "积木拖曳至脚本区构建积木组，点击舞台左上方绿色小旗 🚩 运行 Scratch。可以看到，[ Cat ] 角色每次从舞台的最左侧向右侧移动 10 步，并且每 0.1 秒变换一次造型。

让我们来看一看程序内使用的所有积木吧。

## 构建 [ Cat ] 角色的积木

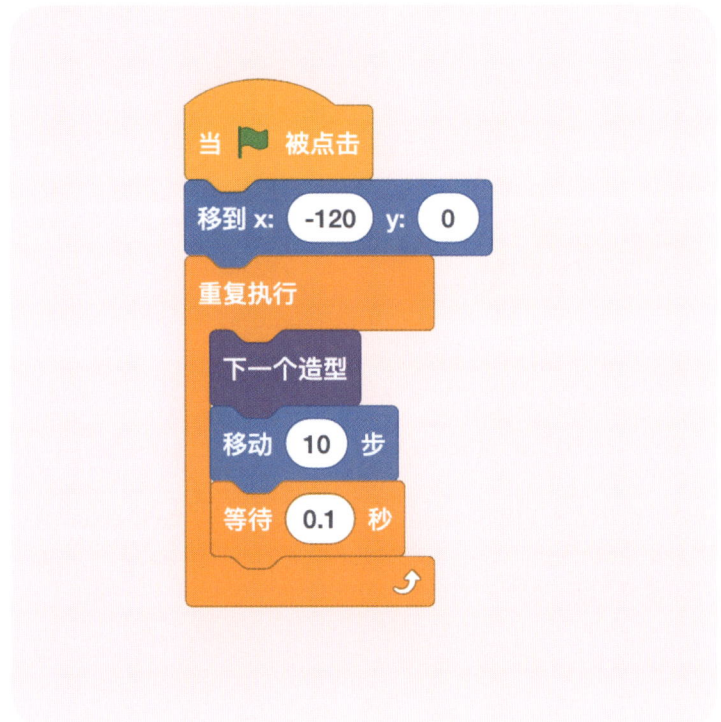

跟我做习题

增加积木组合，来辨认积木的功能吧。

如何使用事件积木中的"当▶被点击"积木，构建点击"当▶被点击"与点击〔Cat〕角色时可以分别运行不同程序的积木呢?

1. 将事件积木中的"当▶被点击"积木拖曳至脚本区，并与外观积木中的"将大小设为100"、运动积木中的"面向90方向"与控制积木中的"重复执行"积木相连接。

2. 将运动积木中的"右转↻15度"与控制积木中的"等待1秒"积木拖曳至脚本区并连接。

3. 将以上积木与"重复执行"积木连接，使得以上内容得以持续重复运行。

4. 将事件积木中的"当角色被点击"以及外观积木中的"将大小增加10"积木拖曳至脚本区并连接。

5. 点击〔Cat〕角色时，可以观察到，角色比之前变大10。

## 第6天

# 添加角色

**学什么?**

- 试着在舞台上添加另一个角色
- 尝试构建添加角色的积木
- 在舞台上添加背景

**提前预览作品**

　　如何才能使猫咪和芭蕾舞者同时运动起来呢?请试着让猫咪和芭蕾舞者一起跳舞吧!

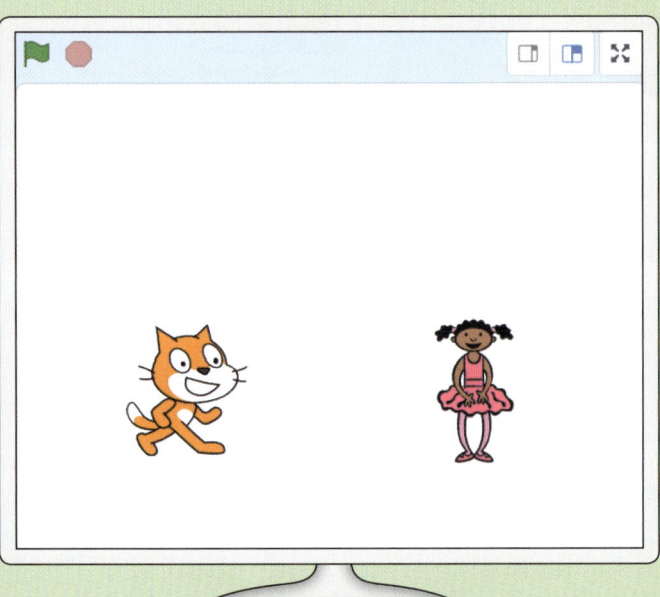

## 了解角色与积木

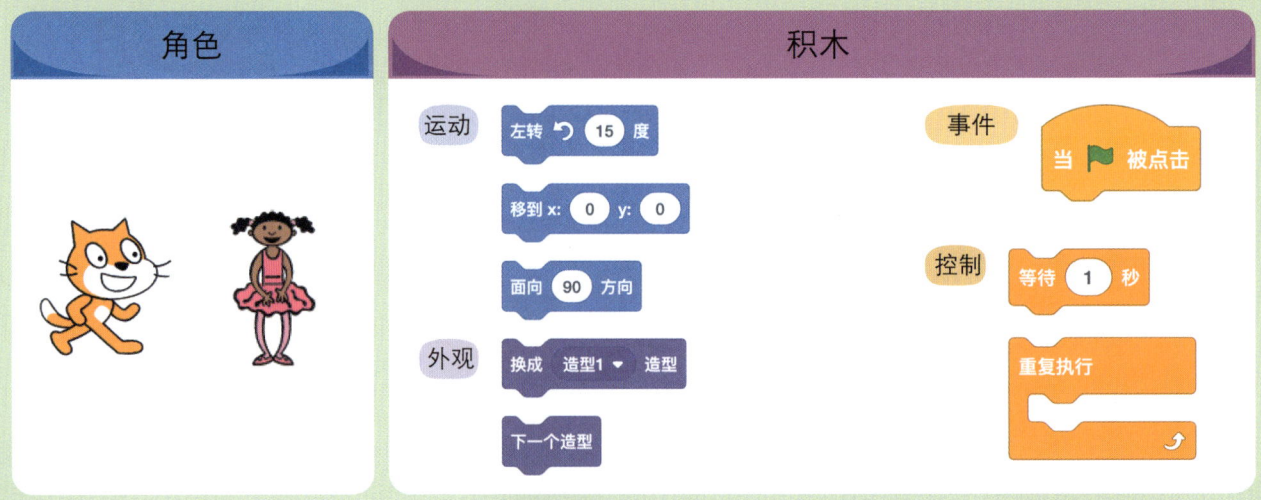

## 跟我来编程

请按照以下步骤编写程序。▶▶▶

### 1  开始

① 在菜单内选择［文件→新建］。

② 进入新建界面。

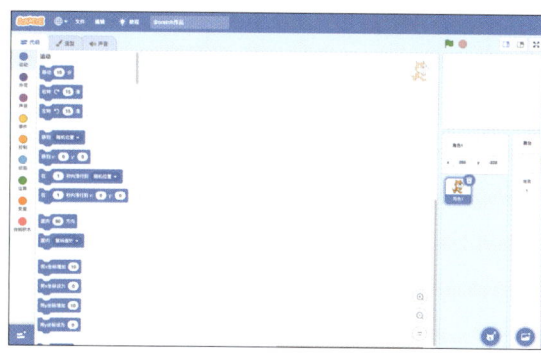

### 2  组建［Cat］角色积木

① 将事件积木中的"当▐▌被点击"积木拖曳至脚本区。

② 将运动积木中的"移到 x: 0 y: 0"与"面向 90 方向"积木相连接，设定［Cat］角色的初始位置与方向。

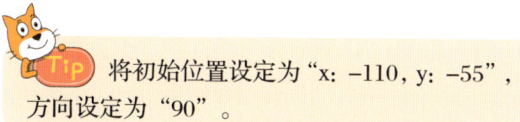 将初始位置设定为"x: –110, y: –55"，方向设定为"90"。

③ 将事件积木中的"当▐▌被点击"积木拖曳至脚本区。

④ 将控制积木中"重复执行"积木与运动积木中的"右转 ↻ 15 度"积木连接后，再将它们与"当▐▌被点击"积木连接起来，组合为运行内容。

 若要使用多个"当▐▌被点击"积木，则可以同时运行多个积木组合。

## **3** 添加角色

❶ 在角色目录中，点击［选择角色］菜单中的［选择一个角色］键。

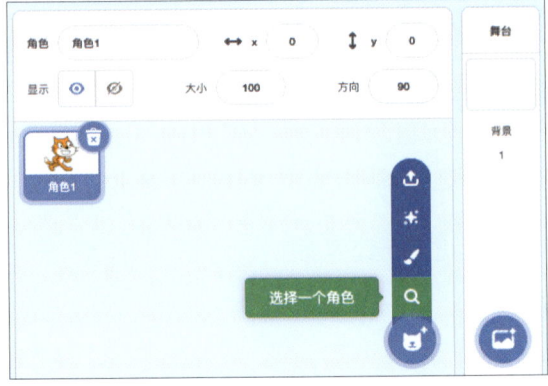

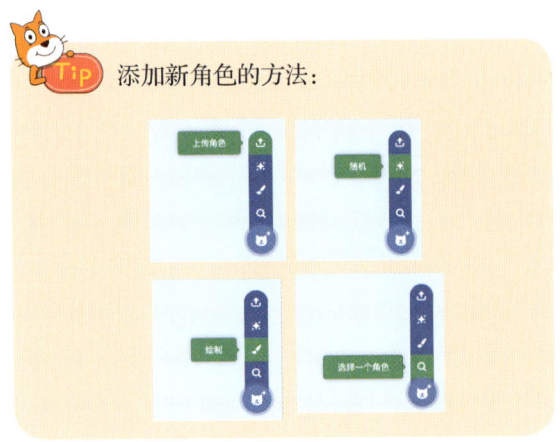

添加新角色的方法：

❷ 在角色选择页面中选择［Ballerina］角色。

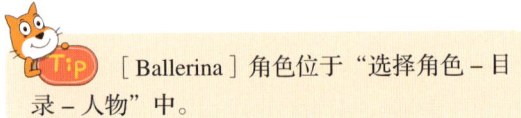

［Ballerina］角色位于"选择角色－目录－人物"中。

## **4** 在新的角色中添加积木

❶ 将事件积木中的" 当 ▶ 被点击 "积木拖曳至脚本区，构建初始环境。

❷ 将运动积木中的" 移到 x: 0 y: 0 "与外观积木中的" 换成 ballerina-a ▼ 造型 "相连接。

设定值为"x：110，y：-50"。

［Ballerina］角色由 4 个造型构成。在
"换成 ballerina-a ▼ 造型"积木中点击"▼"
或者在脚本区的［形状］标签页中选择各种不
同的图形。

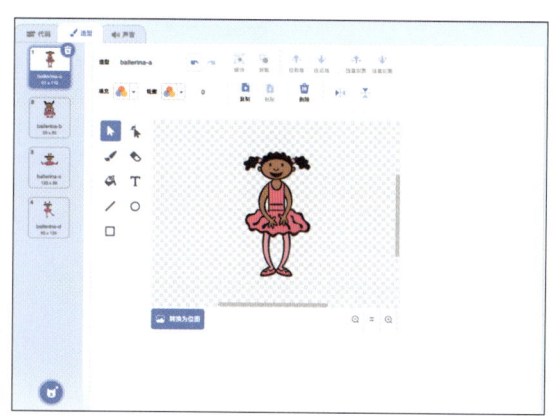

❸ 将事件积木中的"当 ▶ 被点击"积木拖曳至
脚本区，构建运行内容。

❹ 将控制积木中的"重复执行"积木、外观积木
中 的 " 下一个造型 " 积 木 以 及 控 制 积 木 中 的
"等待1秒"积木组合进行连接。

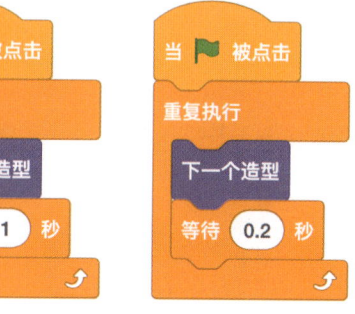

Tip 将" 等待1秒 "积木的数值设置为
"0.2"。

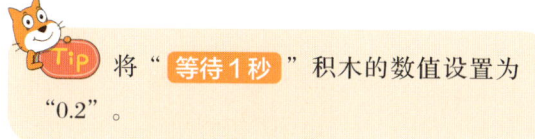

## 5 ▶ 测试并完成

❶ 点击舞台左上方的绿色小旗 ▶ ，并运行程序。

❷ 舞台上的［Cat］角色移动到指定位置并以每次
15 度的角度进行旋转，［Ballerina］角色移动到指定
位置并每过 0.2 秒更改一次造型。

# 查看所有代码

以下是目前为止练习的 Scratch 积木。之前我们添加了新的角色，并构建了两种角色的积木。点击舞台左上方的绿色小旗 ，让［Cat］角色与［Ballerina］角色自由地动起来吧。

让我们来看一看项目内所有使用的积木吧。

## ［Cat］
组建角色的积木

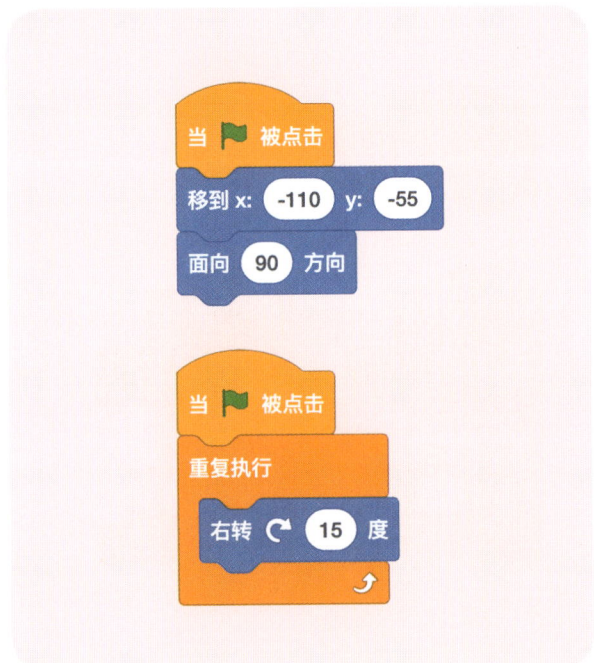

## ［Ballerina］
组建角色的积木

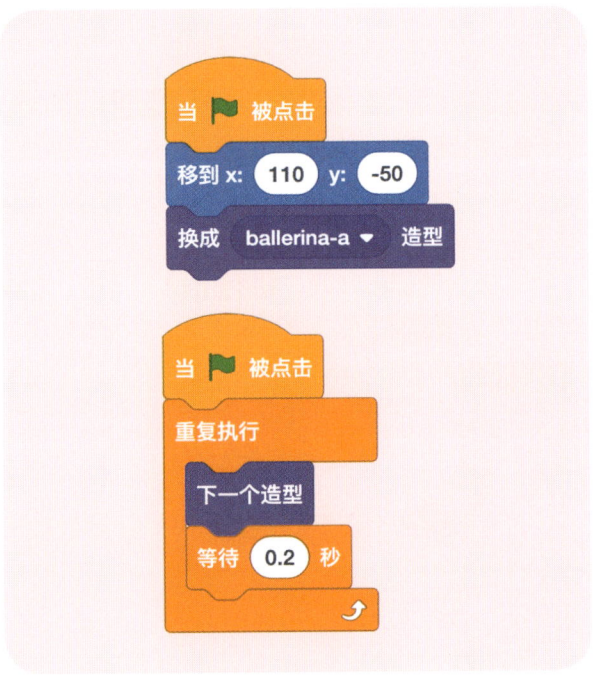

## 跟我做习题

看着在白色背景上舞蹈的猫咪与芭蕾舞者，不觉得有点空荡吗？在舞台目录的［新背景］菜单内可以添加各种背景。请尝试为舞台添加背景吧。

如何在之前制作的程序内添加背景，让［Cat］角色与［Ballerina］角色能够在舞台上跳舞呢？

1. 点击舞台目录中［选择背景］菜单内的［选择一个背景］键。

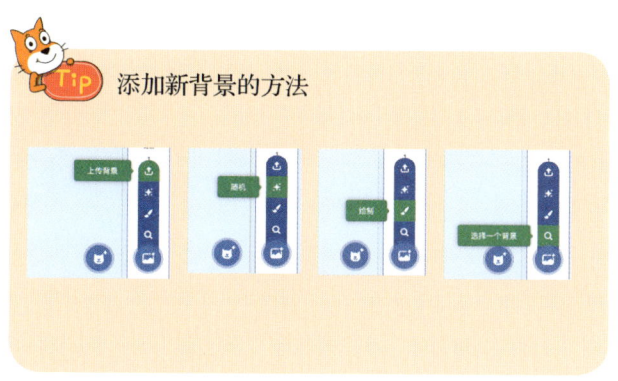

Tip 添加新背景的方法

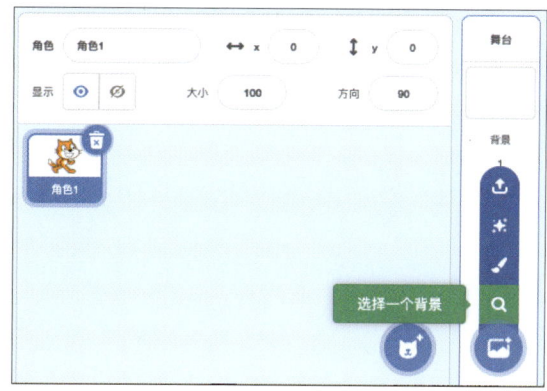

2. 在背景中选择［Party］。

Tip ［Party］背景位于："选择背景 – 目录 – 室内"。

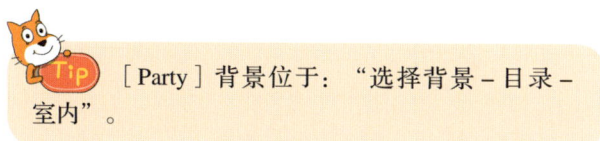

3. 点击舞台左上方的绿色小旗 🚩，就可以看到在［Party］背景上跳舞的［Cat］与［Ballerina］。

# 第7天　存储与共享

## 学什么？

● 在电脑与在 Scratch 主页内存储作品的方法
● 在 Scratch 主页共享作品的方法

## 1　存储在本地

❶ 在在线编辑器菜单内选择［文件→保存到电脑］。

❷ 选择本地存储位置后，以"06. 添加角色 .sb3"的文件名进行存储。

Tip
· 在"06. 添加角色 .sb3"内，sb3 是 Scratch 3.0 的扩展名。

## 2　存储在 Scratch 主页

❶ 登录 Scratch 主页后，在菜单内点选［新建项目］。

❷ 选择菜单内的［文件 – 从电脑中上传］，打开存储在本地的"06. 添加角色 .sb3"。

❸ 点击［保存］。

❹ 点击右上方的［我的仓库］。

❺ 在［我的仓库］内可以查看所有项目。

## 3 选择共享的项目

❶ 在 Scratch 主页内选择［我的仓库→未分享项目］。

❷ 选择想要共享的项目名称，则跳转至在线编辑器，选择［分享到社区］，则打开输入共享信息的页面。

## 4 输入共享信息

在想要共享的项目内输入［作品名称］、［作品介绍］、［操作说明］，并选择查看源码权限、作品分类标签与手机模拟键盘，然后点击［共享］按钮。

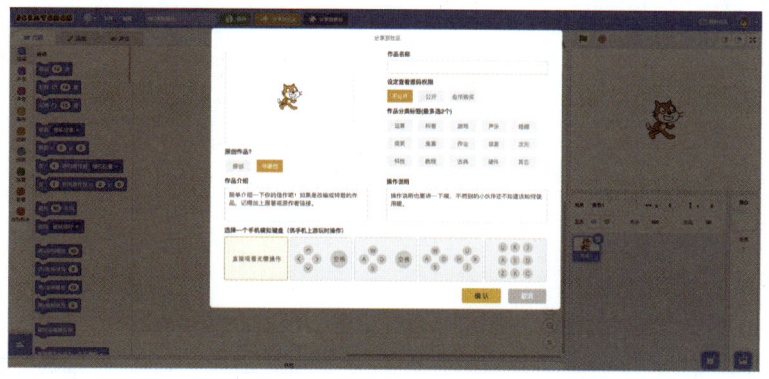

# 第 3 章
# 讲故事

罗里吧嗦

# 讲故事

准备活动都做完了！

那么我们进入下一个阶段！到旁边的 Scratch 电视台看看吧。

哥哥，我们快走吧！

向着 Scratch 电视台出发！

东炫，彬娜，一起走啊！

嘿嘿，他们一定会带我去的。

这是谁呀？原来是 Scratch 的主人公猫咪呀！欢迎。

导演先生，我的朋友们想用 Scratch 写故事，所以来找您啦。

见到大家很高兴。如果想用 Scratch 写故事，需要了解 "Story Telling"。

讲故事？

让我来为你们说明什么是 Story Telling。

Story Telling 是像电影或电视剧一样为了向对方传递信息而讲述故事的方法。用 Scratch 可以制作出 Story Telling！

那么如果想用 Scratch 制作 Story Telling 的话，首先需要做什么呢？

首先要写"故事"！故事内容可以跟随时间线索，如果故事里有重复效果就最好了。

稍等！为了写故事，必须了解"事件（Event）"的概念。

事件？

对。事件（Event）可以帮助更好地讲述故事中场景的过渡或决定性事件等。

根据某种信号发生的情况或事情进行一次表达的行为叫做事件（Event），与棒球赛中捕手向投手发出信号后投球的情况十分相似。

啊哈！原来是我成为作家或导演并制作作品的过程啊！

Bingo！

来吧，让我们想想要用 Scratch 编程写出什么样的故事吧！

好的！

你仿佛已经成为灵活运用积木的魔法师了！现在我们就一起来试着编写 Story Telling 吧！

# 一起绕小区一圈吧

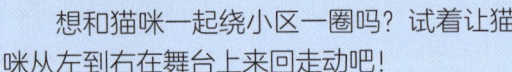

**学什么?**

- 让角色在舞台上走或跑
- 制作不离开舞台的角色
- 更换舞台背景并移动角色

## 提前预览作品

想和猫咪一起绕小区一圈吗?试着让猫咪从左到右在舞台上来回走动吧!

## 了解角色/背景与积木

| 角色/背景 | 积木 |
|---|---|

## 跟我来编程

请按照以下步骤编写程序。▶▶▶

### 1 开始

❶ 在菜单内选择［文件→新建］。

❷ 进入新页面。

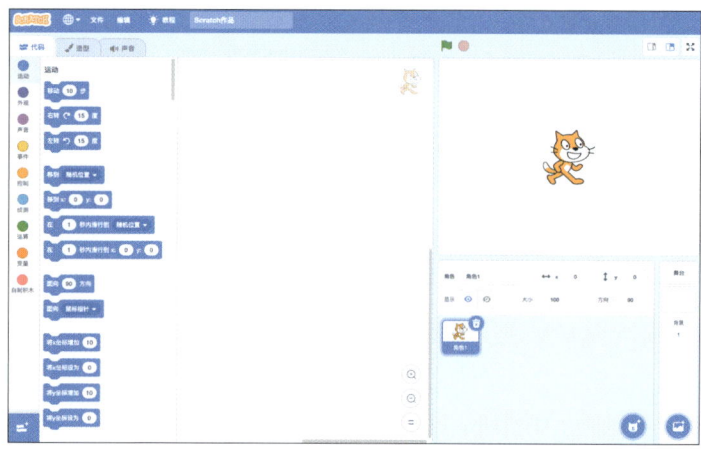

### 2 添加背景

❶ 点击舞台目录［选择背景］菜单中的［选择一个背景］键。

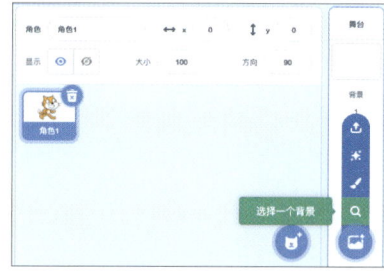

❷ 选择［urban］背景。

> Tip ［urban］背景位于［选择背景－目录－户外］。

❸ 点击鼠标右键，删除［造型］标签页中设定为默认背景的［背景1］。

> Tip 默认背景可以不删除，但在没有必要保留的情况下还是删除为好。

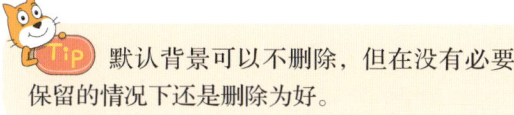

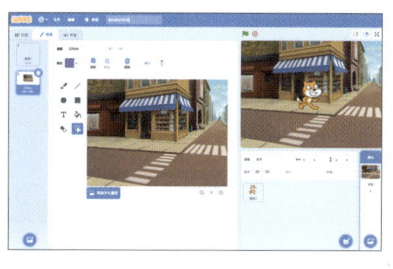

### 3 构建［Cat］角色的初始状态

① 将事件积木中的"当 🚩 被点击"积木拖曳至脚本区，创建初始状态。

② 连接运动积木中的"移到 x: 0 y: 0"积木，设定［Cat］角色的位置。

③ 将"移到 x: 0 y: 0"积木设置为"x: -180，y: 0"。

> **Tip**
> · 使用鼠标拖曳舞台上的［Cat］角色改变位置，则运动积木坐标上的位置值也随之变化，利用这点可使得编程更加方便。
> · 在角色区核对角色目前的属性，并利用此信息进行作业。

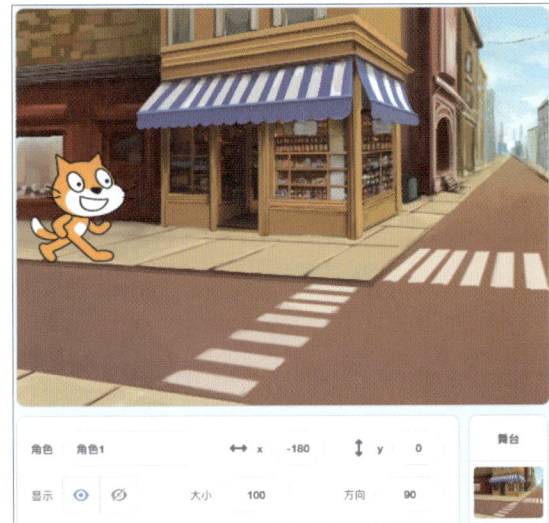

④ 将运动积木中的"面向 90 方向"积木拖曳并连接至以上积木组合，设定［Cat］角色的方向。

### 4 组建［Cat］角色的运动

① 将事件积木中的"当 🚩 被点击"积木拖曳至脚本区，组建动作。

② 将控制积木中的"重复执行"积木与"等待1秒"积木、外观积木中的"下一个造型"积木相连接，并将"当▶被点击"积木与以上积木组相连接，让［Cat］角色可以持续更改造型。

③ 添加运动积木中的"移动10步"积木，组建［Cat］角色或走或跑的动作。

在"等待1秒"积木中输入数值为"0.05"。

④ 最后添加运动积木中的"碰到边缘就反弹"积木，以使得［Cat］角色不会脱离舞台范围。

## 5 测试后完成

① 点击舞台左上方的绿色小旗 ▶ 运行程序。

②［Cat］角色每0.05秒改变一次造型，并且向着行进方向每次前进10步。

③ 若［Cat］角色到达舞台两侧的边界，则改变方向继续移动。

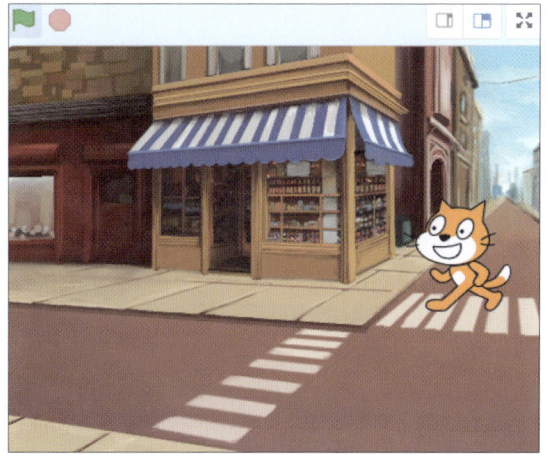

## 查看所有代码

以下是目前为止练习的 Scratch 积木。点击舞台左上方的绿色小旗 🏁，可以查看到有 2 个事件同时发生。［Cat］角色从初始位置进行重复移动，若到达舞台两侧的边界，则改变方向移动。

让我们来看一看项目内使用的所有积木吧。

［Cat］
组建初始状态的角色

［Cat］
组建运动状态的角色

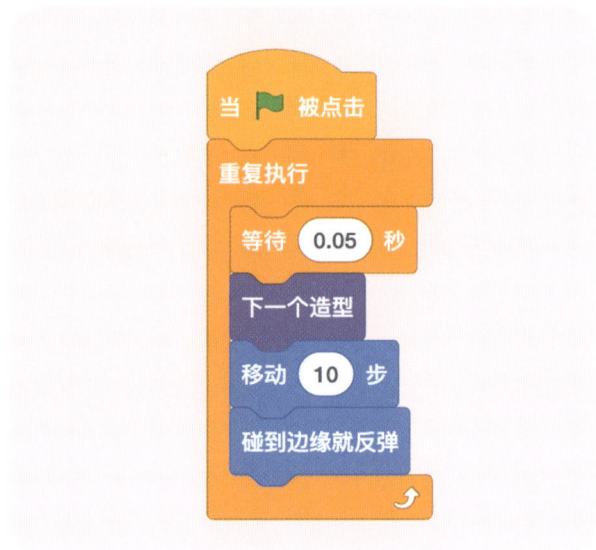

## 保存

使用 Scratch 的［文件］菜单，保存自己创作的作品。

请将作品命名为［08.一起绕小区一圈吧 .sb3］。

### 1. 存储至本地

选择［文件→保存到电脑］，存储至计算机本地。

### 2. 存储至主页

选择在线编辑器菜单中的［文件→立即保存］，存储至 Scratch 主页。

# 一眼看透编码原理

## 舞台的坐标

```
                    Y  (X:0,Y:180)



                   100



(X:-240,Y:0)              (X:0,Y:0)              (X:240,Y:0)

  -200      -100              100        200      X



                  -100




                    (X:0,Y:-180)
```

　　舞台以正中点为中心，分为横 X 轴与竖 Y 轴，用坐标表示为（x，y）。X 轴与 Y 轴同时经过的点被称为原点，坐标为（0，0）。

　　舞台的总体大小为横 480，竖 360。若使用像素（pixel）表示，则舞台的大小为 480*360 像素。

**提示**

　　像素（Pixel）作为构成图形的基本单位，通常在说明显示器分辨率时使用。不像厘米或者千克拥有固定的值，像素的大小跟随显示器的大小与分辨率而变化，可以被看作一个四边形的点。举例来说，如果显示器分辨率为 1280*1024，则它的长由 1280 个像素、宽由 1024 个像素组成。分辨率越高，画面越清晰。

# 挑战习题

正确答案：第176页 ▶▶▶

请尝试编写使人物角色向左走，并在到达舞台边界时移动至其它空间的程序。

 **问题**

请参考以下积木，编写人物角色到达舞台边界时向其它空间移动的程序。

## 角色

[Avery Walker]

> **Tip** 本程序中使用的角色位于"选择角色－目录－人物"目录中。

## 背景

[ Field At Mit ]  [ Mural ]  [ Canyon ]

[ Hill ]  [ Water And Rows ]  [ Board walk ]

> **Tip** 本程序中使用的背景位于"选择背景－目录－户外"目录中。

## 角色初始状态积木

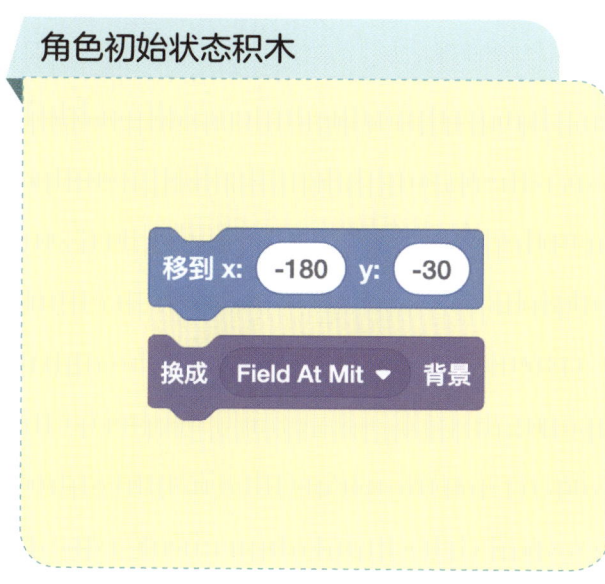

## 角色重复移动积木

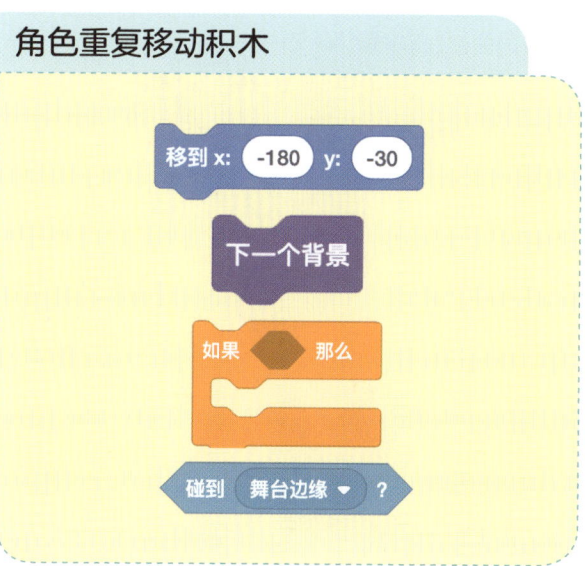

# 定格动画

## 学什么？

- 学习制作定格动画
- 更改角色与背景外观
- 表现场景变换

## 提前预览作品

舞台上的数字从 3 到 0 每过 1 秒更改一次，让我们来制作表现倒计时（Countdown）的动画吧。

## 了解角色/背景与积木

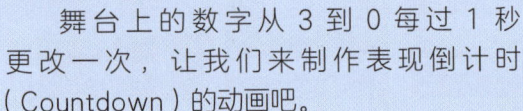

| 角色 / 背景 | 积木 |
|---|---|

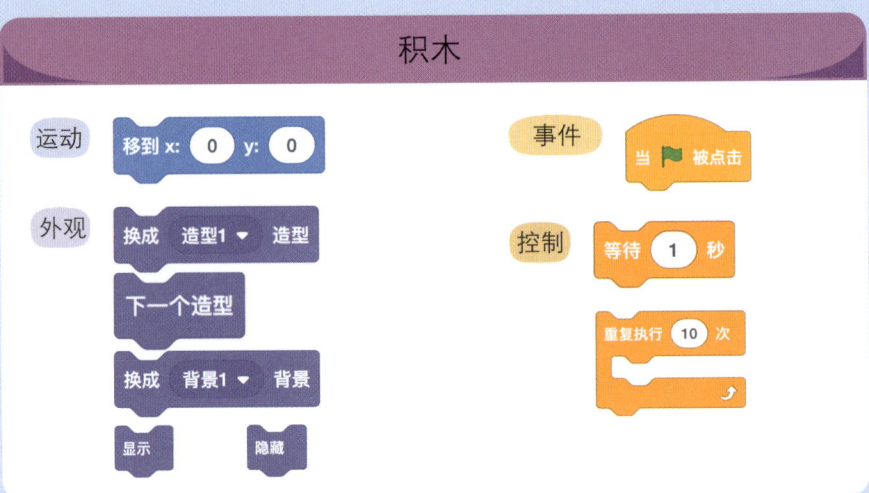

# 跟我来编程

## 1 ▶ 开始

❶ 在菜单内选择［文件→新建］。

❷ 进入新建界面。

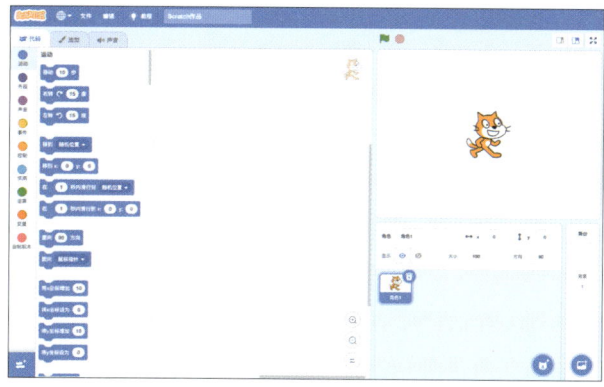

## 2 ▶ 添加角色

❶ 打开角色目录，点击［选择角色］菜单中的［画图］键。

❷ 在［造型］标签页中出现了没有造型的［造型1］角色。

❸ 在［造型］标签页中点击［选择造型］键。

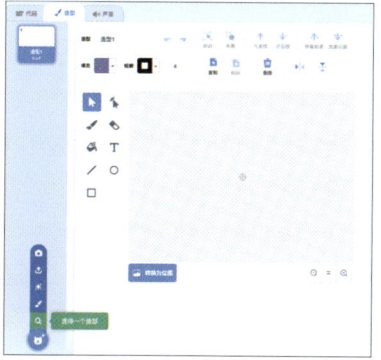

❹ 在选择角色中选择从［Glow-0］到［Glow-3］的数字。

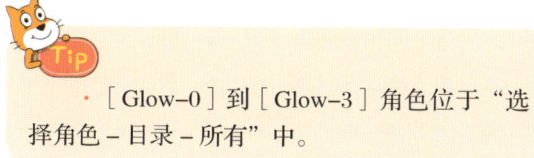

· ［Glow-0］到［Glow-3］角色位于"选择角色－目录－所有"中。

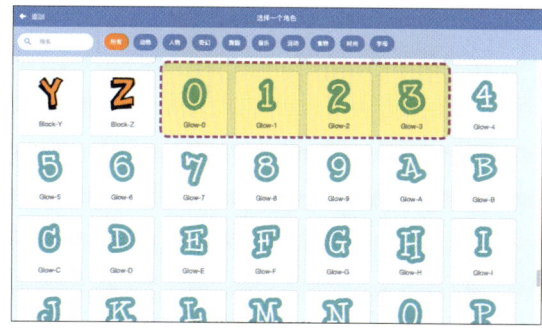

⑤ 在［造型］标签页中将角色按从 3 至 0 的顺序排列。删除［造型 1］角色。

⑥ 在角色目录中删除作为默认角色的［Cat］角色。

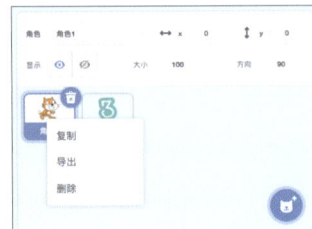

## 3 添加背景

❶ 在舞台目录的［选择背景］菜单中单击［选择一个背景］键。

❷ 在背景中选择［Rays］与［Spotlight］。

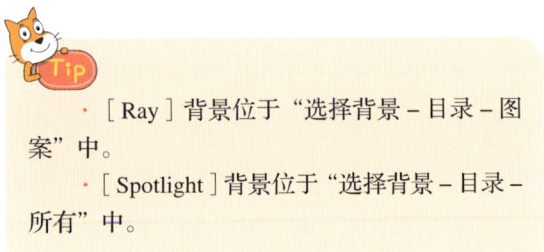

· ［Ray］背景位于"选择背景 – 目录 – 图案"中。

· ［Spotlight］背景位于"选择背景 – 目录 – 所有"中。

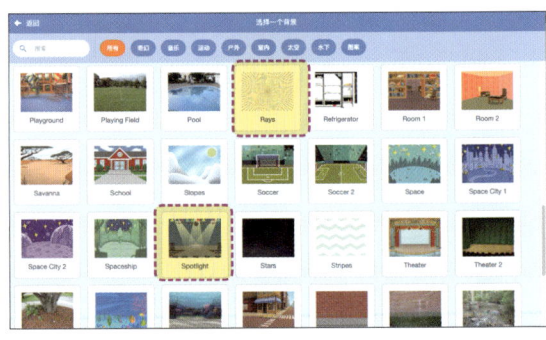

## 4 组建数字角色的初始外观

❶ 将事件积木中的"当▶被点击"积木拖曳至脚本区。

❷ 将外观积木中的"显示"积木与运动积木中的"移到 x：0 y：0"积木相连接，设定数字角色的初始位置。

③ 将外观积木中的 " 换成 Glow-3 ▼ 造型 "
" 换成 Rays ▼ 背景 " 按顺序连接，并设定为角色与背景的初始外观。

## 5 构建倒计时积木

① 将控制积木中的 " 重复执行 10 次 " 积木、
" 等待 1 秒 " 积木与外观积木中的 " 下一个造型 " 积木相连接。

② 将控制积木中的 " 等待 1 秒 " 与外观积木中的
" 隐藏 " " 换成 Spotlight ▼ 背景 " 积木连接进行倒计时，将数字角色设置为隐藏并更改背景。

Tip 将 " 重复执行 10 次 " 积木中的数值更改为 3。

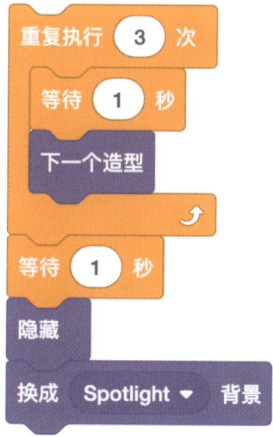

## 6 测试并完成

① 点击舞台左上方的绿色小旗 🚩 运行程序。

② 每隔一秒，数字角色出现倒计时动画效果，从
3 开始按顺序变为 0。

③ 倒计时结束后，背景更改为舞台，然后结束。

# 查看所有代码

以下是已完成的 Scratch 积木。点击舞台左上方的绿色小旗 🚩，从 3 至 0 的数字角色开始按顺序进行倒计时。倒计时结束后，背景更改为舞台，动画效果停止。

让我们来看一看项目内使用的所有积木吧。

## 组建数字角色的积木

```
当 🚩 被点击
显示
移到 x: 0 y: 0
换成 Glow-3 ▼ 造型
换成 Rays ▼ 背景
重复执行 3 次
    等待 1 秒
    下一个造型
等待 1 秒
隐藏
换成 Spotlight ▼ 背景
```

# 保存

使用 Scratch 的［文件］菜单，保存自己创作的作品。

请将作品命名为［09. 定格动画 .sb3］。

## 1. 存储至本地

选择［文件→保存到电脑］，存储至计算机本地。

## 2. 存储至主页

选择在线编辑器菜单中的［文件→立即保存］，存储至 Scratch 主页。

## 定格动画（Stop Motion Animation）

这是一种动画技术，可以拍摄静止的物体，每帧略有变化，然后连续显示这些图像，使其看起来好像在运动。例如，如果将奔跑的山羊的一系列图像连续播放，则在我们眼中，山羊好像跑起来了。

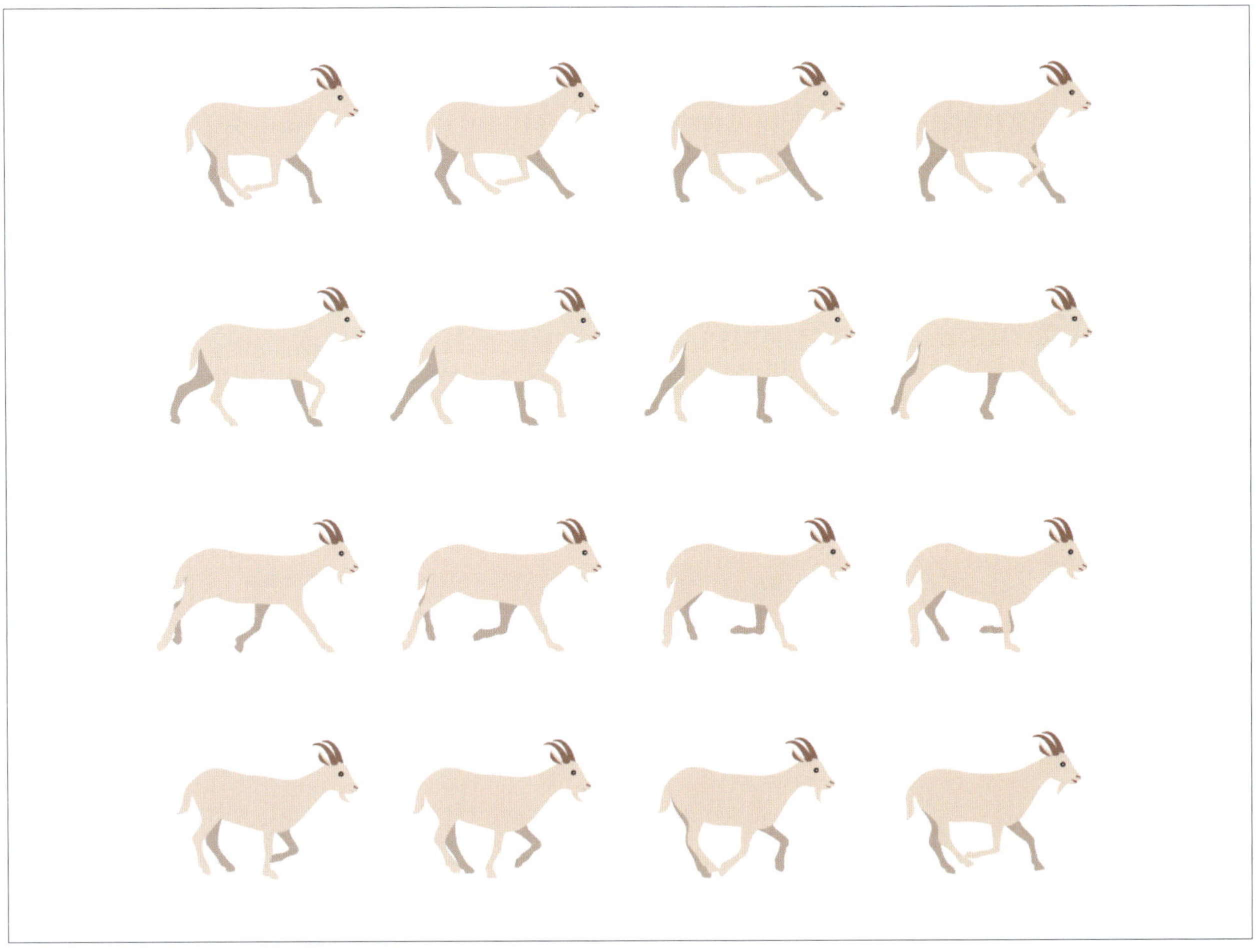

# 挑战习题

正确答案：第177页 ▶▶▶

让我们来一起编写使人物角色在舞台上跳舞的程序吧。

 问题

如何将以下积木组合，创作一个倒计时后舞者跳舞的作品呢？

**角色**

[Anina Dance]

Tip ［Anina Dance］角色位于"选择角色 – 目录 – 舞蹈"中。

**［倒计时］角色积木**

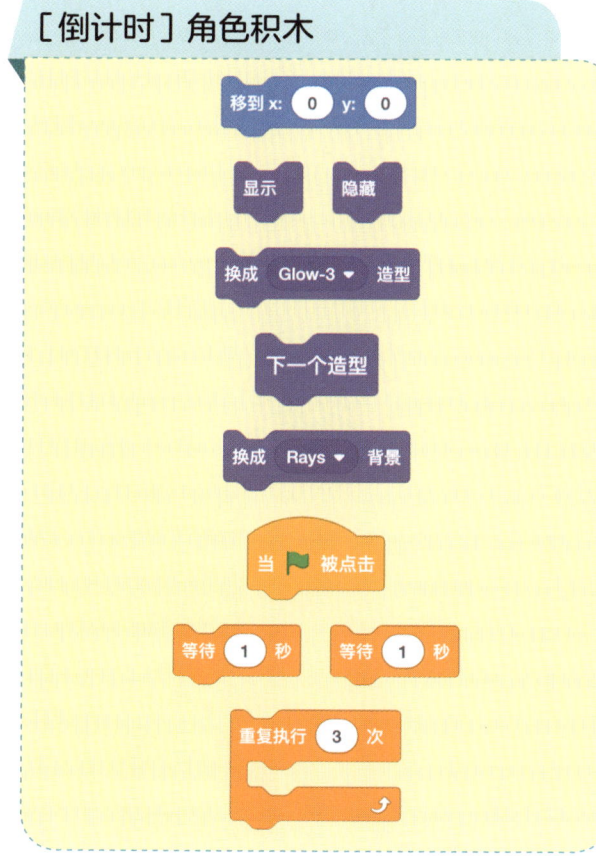

**［Anina Dance］角色积木**

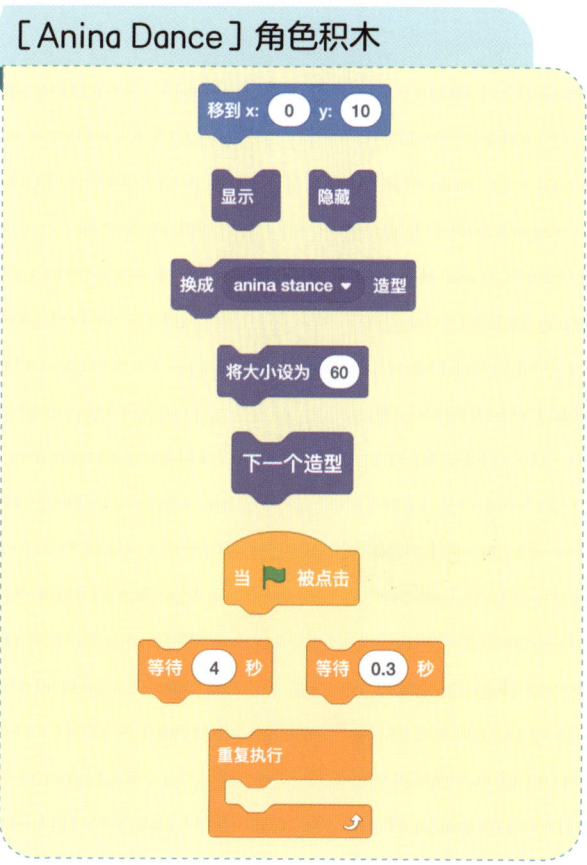

# 机器宠物叽叽

## 学什么？

- 使用方向键组建键盘事件
- 使用方向键移动角色
- 用鼠标移动角色

## 提前预览作品

试着用键盘上的方向键移动宠物机器人叽叽。尝试制作如下程序：按下键盘上的方向键，则舞台上的叽叽开始持续移动，若不按键，则叽叽停在原地不动。

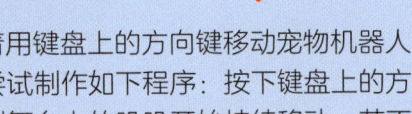

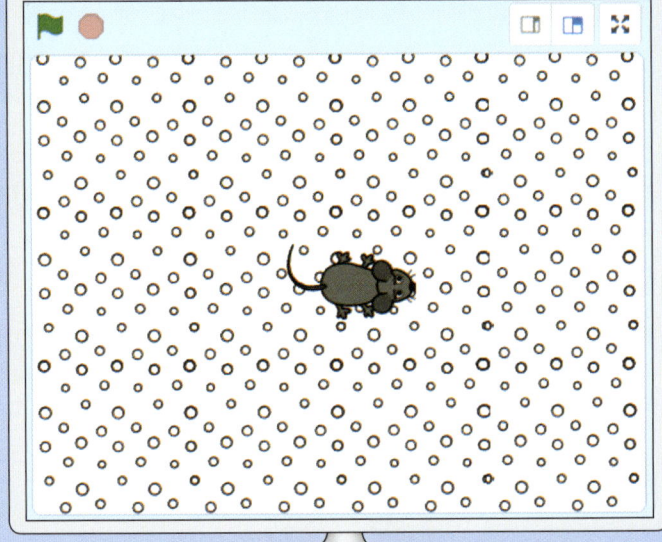

## 了解角色/背景与积木

| 角色 / 背景 | 积木 |
|---|---|

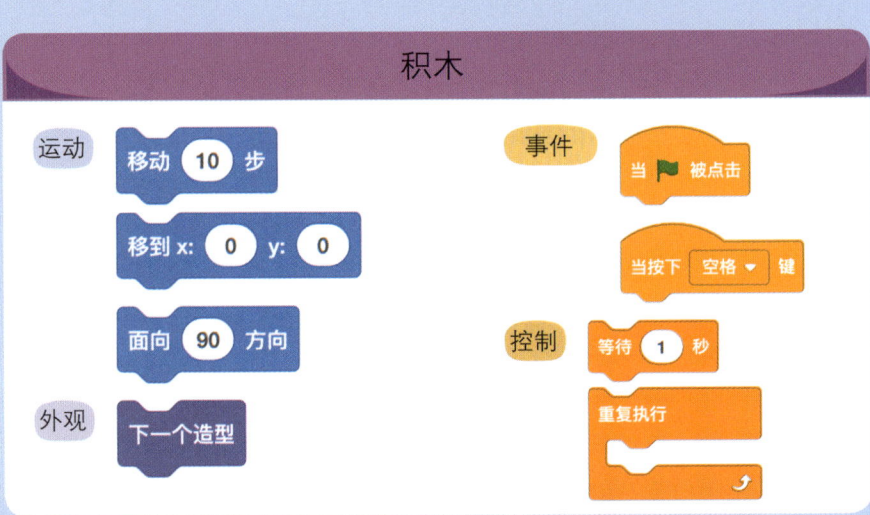

## 跟我来编程

### 1 开始

❶ 在菜单内选择〔文件→新建〕。

❷ 进入新建界面。

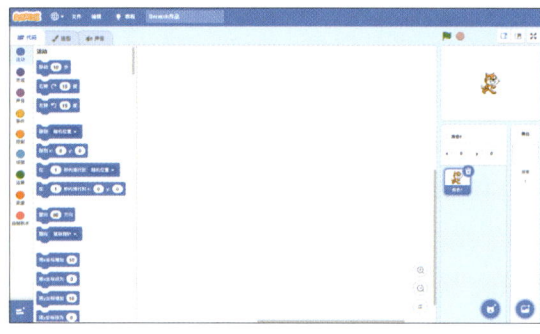

### 2 添加角色

❶ 选择角色目录中的〔选择角色〕菜单，点击〔选择一个角色〕键。

❷ 选中角色选择菜单中的〔Mouse1〕。

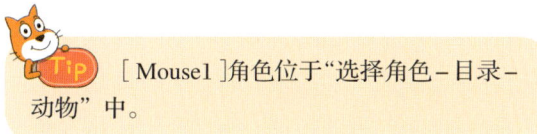

〔Mouse1〕角色位于"选择角色 – 目录 – 动物"中。

❸ 删除角色目录中作为默认角色的〔Cat〕角色，留下〔Mouse1〕角色。

〔Cat〕角色的删除顺序无关紧要。

**3** 添加背景

❶ 在舞台目录的［选择背景］菜单内点击［选择一个背景］键。

❷ 在背景选择项内选择［Circles］。

［Circles］背景位于"选择背景 – 目录 – 图案"内。

**4** 组建［Mouse1］角色的初始状态

❶ 将事件积木中的"当 ▶ 被点击"积木拖曳至脚本区。

❷ 将运动积木中的"移到 x: 0 y: 0""面向 90 方向"积木相连接，并设定［Mouse1］角色的位置与方向。

❸ 将事件积木中的"当 ▶ 被点击"积木拖曳至脚本区并放置。

❹ 连接控制积木中的"重复执行"积木后，将其与控制积木中的"等待 1 秒"积木、外观积木中的"下一个造型"积木相连接。

将"等待 1 秒"积木的数值更改为"0.05"。

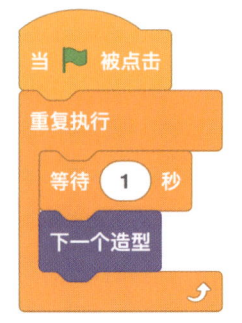

❶ 在时间积木中唤起"当按下空格 ▼ 键"积木，点击"三角形"，在选择框内选择"向上键"。

❷ 连接运动积木中的"面向 0 方向"积木与"移动 10 步"积木。

 Tip 组建构成类似的积木时，首先完成其中一个，然后在积木集合上点击鼠标右键，选择［复制］，可以复制并使用该积木组合。

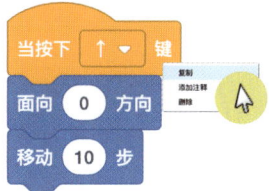

❸ 构建 4 个积木，使得按下键盘上的向上键时［Mouse1］角色按照箭头上的方向移动 10 步。

 Tip ·0 度表示向上，180 度表示向下，–90 度表示向左，90 度表示向右。
·若积木组合较多，则在脚本区点击鼠标右键，选择［整理积木］。

**6** 测试并完成

❶ 点击舞台左上方的绿色小旗 🚩 运行程序。

❷［Mouse1］角色每 0.05 秒更改一次造型并移动。

❸ 按下键盘上的方向键，则［Mouse1］角色旋转至该方向后持续移动。

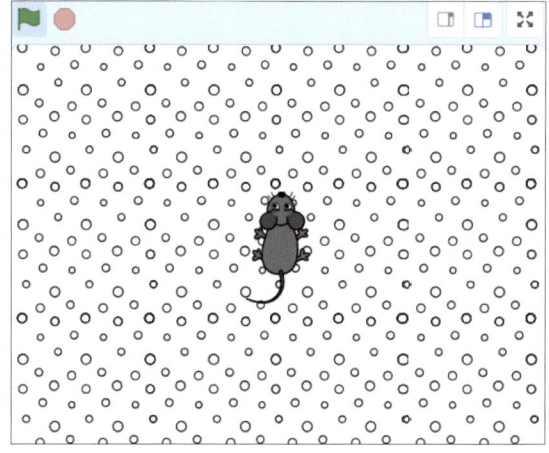

# 查看所有代码

以下是已完成的 Scratch 积木。点击舞台左上方的绿色小旗 🚩，则［Mouse1］角色开始每 0.05 秒更改一次造型并移动。另外，只要在键盘上按下想要的方向对应的方向键，［Mouse1］角色就会按照指示边更换方向边移动。

让我们来看一看项目内使用的所有积木吧。

**［Mouse1］**
构建角色初始状态的积木

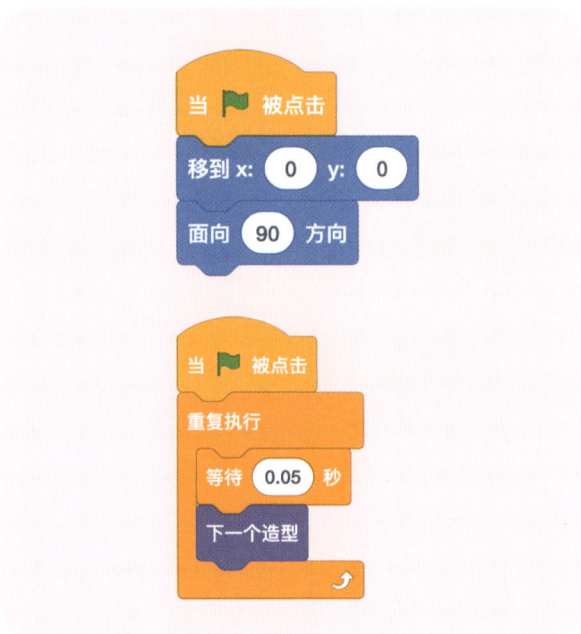

**［Mouse1］**
组建角色键盘事件的积木

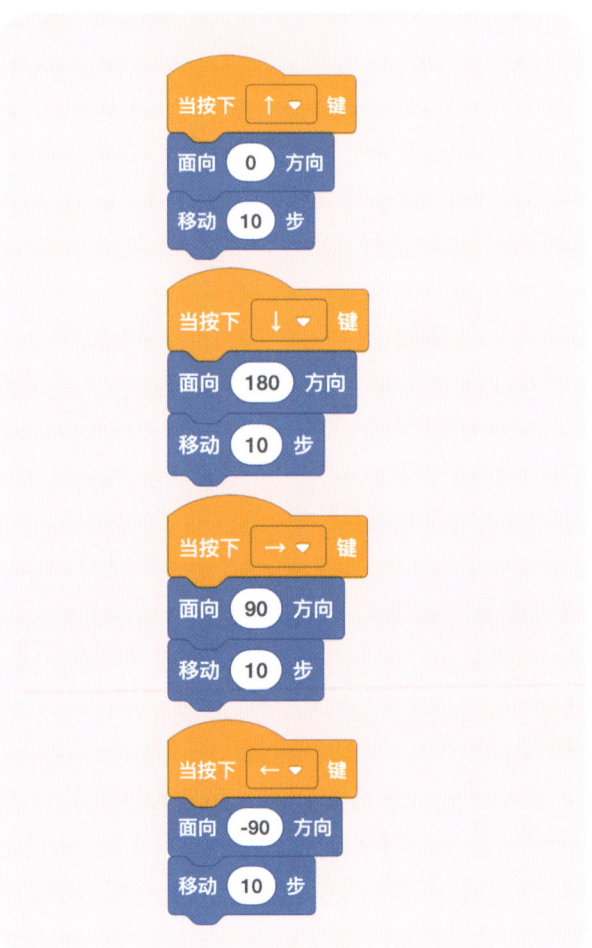

# 保存

使用 Scratch 的［文件］菜单，保存自己创作的作品。

请将作品命名为［10.机器宠物叽叽 .sb3］。

### 1. 存储至本地
选择［文件→保存到电脑］，存储至计算机本地。

### 2. 存储至主页
选择在线编辑器菜单中的［文件→立即保存］，存储至 Scratch 主页。

# 一眼看透编码原理

## 键盘事件

点击事件积木中 " 按下空格 ▼ 键 " 积木的 " ▼ "，则出现选择菜单。可以从选择菜单中空格键、方向键以及字母键、数字键中选择发出信号的键位。

点击键盘上的对应键会触发相对应的事件，这被称为回调（Callback）函数，或者被称为事件处理（Event Handler）函数。这意味着计算机会记住事件发生的条件与运行的内容，如果条件发生，则触发的事件就会执行。

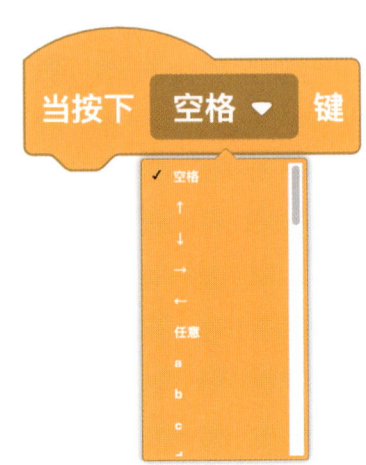

## 方向

设置角色的方向时，要分别考虑角色的朝向与移动方向。一般来说，角色形状朝向右边。因此将右侧显示为 90 度，下方为 180 度，左侧为 -90 度，上方是 0 度。

# 挑战习题

正确答案：第178页 ▶▶▶

机器宠物叽叽能吃到美味的甜甜圈吗？

 **问题**

将以下积木进行组合，制作让叽叽跟着甜甜圈移动的程序吧。

**角色**

[ Donut ]

Tip ［Donut］角色位于"选择角色–目录–饮食"内。

**［Mouse1］角色积木**

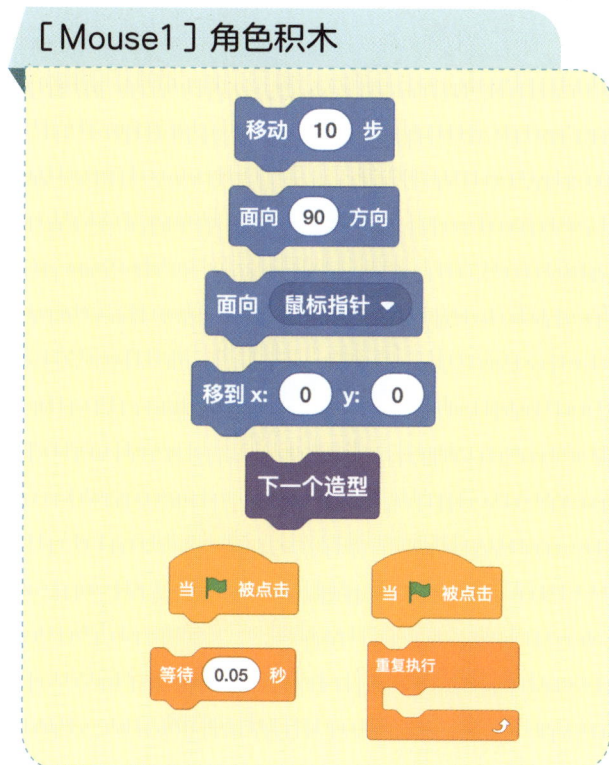

**［Donut］角色积木**

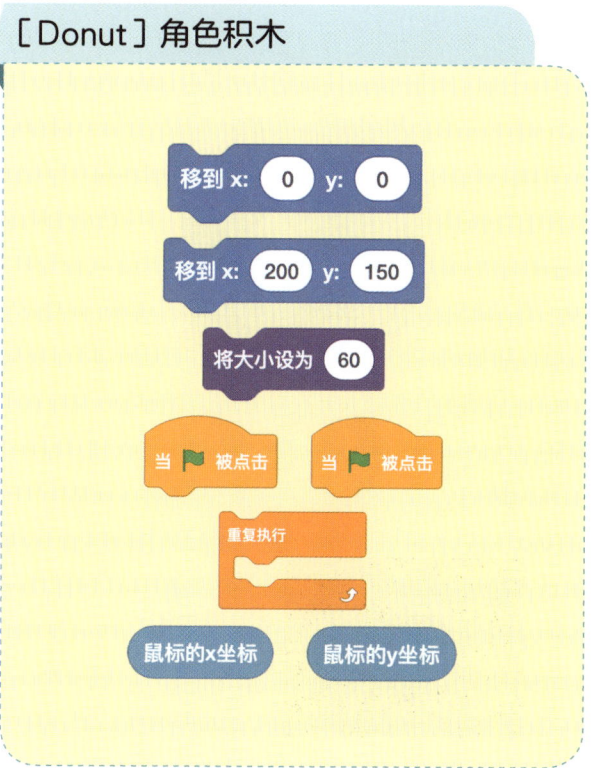

# 转动地球

## 学什么?

- 使用键盘上的方向键移动角色
- 做出角色的转动效果
- 碰到舞台边缘后，让角色往反方向移动

## 提前预览作品

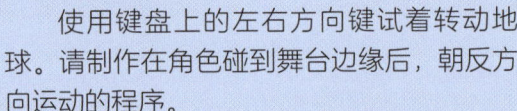

使用键盘上的左右方向键试着转动地球。请制作在角色碰到舞台边缘后，朝反方向运动的程序。

## 了解角色/背景与积木

| 角色 / 背景 | 积木 |
| --- | --- |

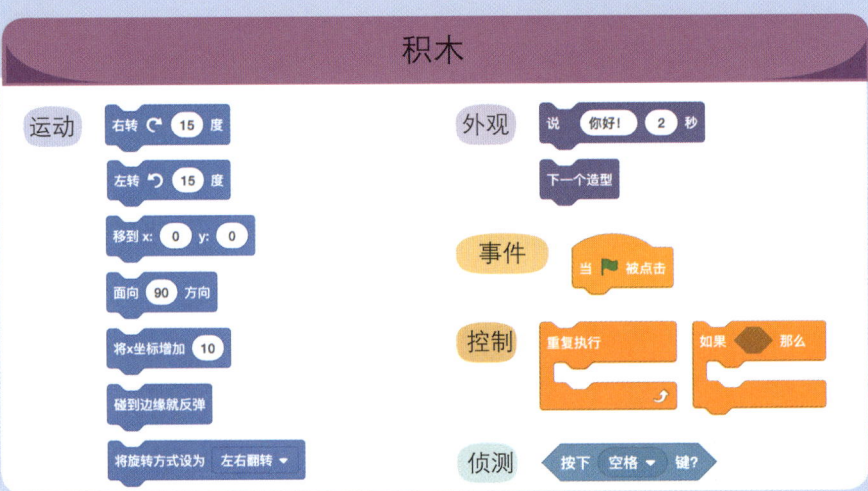

## 1 开始

① 在菜单内选择［文件→新建］。

② 进入新建界面。

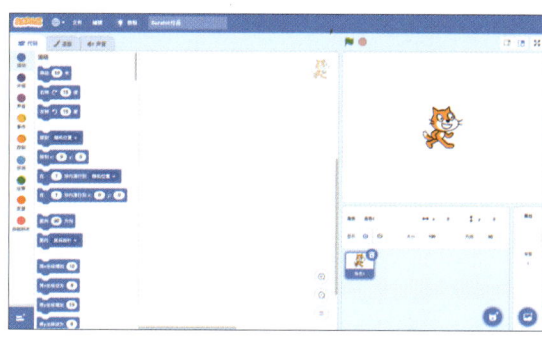

## 2 添加背景

① 在舞台目录的［选择背景］菜单内点击［选择一个背景］键。

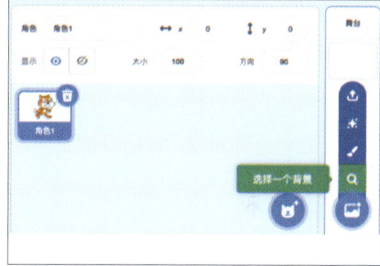

② 在背景选择栏内选择［Stars］。

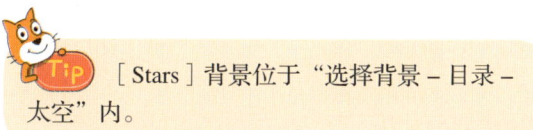

> **Tip** ［Stars］背景位于"选择背景 – 目录 – 太空"内。

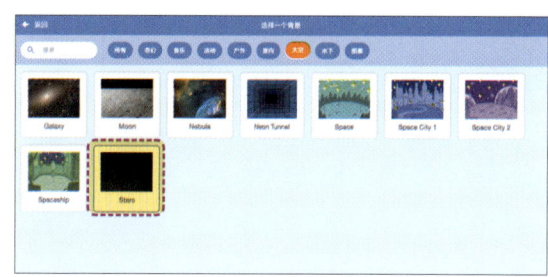

③ 点击鼠标右键，在［背景］标签页内删除被设置为默认背景的［背景1］。

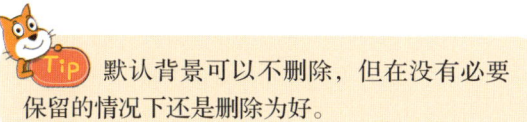

> **Tip** 默认背景可以不删除，但在没有必要保留的情况下还是删除为好。

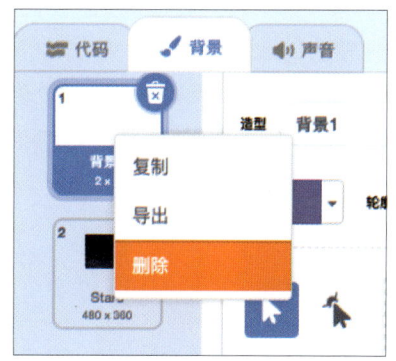

## 3 添加角色

① 在角色目录中的［选择角色］菜单内，点选［选择一个角色］键。

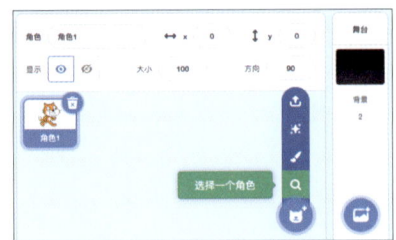

② 在角色选择页内选择［Earth］。

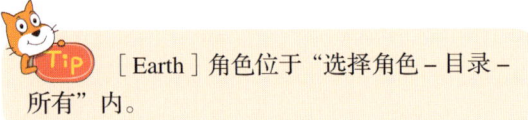

［Earth］角色位于"选择角色–目录–所有"内。

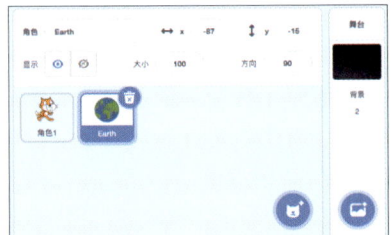

## 4 组建［Cat］角色积木

① 将事件积木中的"当 ▐ 被点击"积木拖曳至脚本区。

② 连接运动积木中的"移到 x: 0 y: 0"积木，设置［Cat］角色的初始位置，为了使角色能跟随键盘左右方向键移动，需连接运动积木中的"面向 90 方向"以及"将旋转方式设为左右翻转▼"积木。

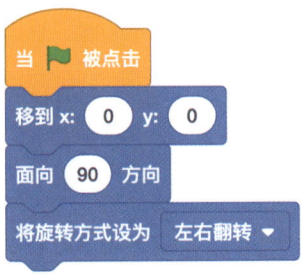

❸ 拖曳并连接外观积木中的"说　2秒"积木，在空格内填写"按下左右方向键，尝试转动地球吧。"

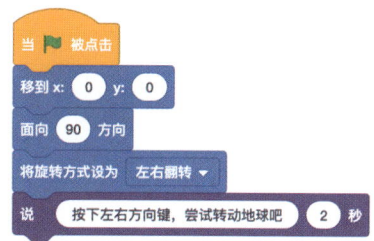

❹ 将事件积木中的"当▐被点击"积木拖曳至脚本区，为方便观察，连接控制积木中的"重复执行"积木。

❺ 将控制积木中的"如果''，那么"积木拖曳至脚本区，并将侦测积木中的"按下空格▼键？"积木放入"如果'', 那么"积木内。

Tip 点击"按下空格▼键？"中的"▼"之后，在选择框内选择"右方向键"。

❻ 为使［Cat］角色跟随左右方向键移动，将外观积木中的"下一个造型"积木与运动积木中的"将x坐标增加10"积木相连接，组建为2个积木组合。

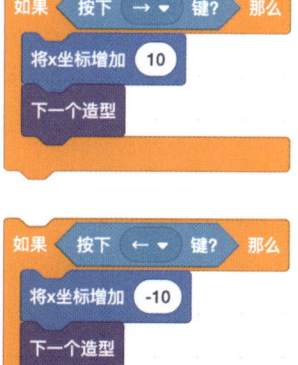

Tip 在"将x坐标增加10"中输入数值"10"与"-10"，控制猫咪的左右移动位置。

❼ 最后连接运动积木中的"碰到边缘就反弹"积木，使得［Cat］角色碰到舞台边缘后朝反方向移动。

## 5 组建［Earth］角色积木

❶ 将事件积木中的"当▎被点击"积木拖曳至脚本区。

❷ 连接运动积木中的"移到 x: 0 y: 0"积木，设定［Earth］角色的初始位置。

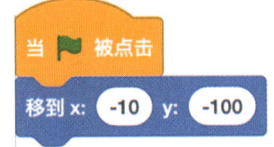

Tip 设定为"x：–10，y：–100"。

❸ 将事件积木中的"当▎被点击"积木拖曳至脚本区内。

❹ 连接控制积木中的"重复执行"积木，持续观察点按方向键后的活动。

❺ 将控制积木中的"如果'，那么"积木拖曳至脚本区，并将"按下→▼"积木作为参数值放入"如果'，那么"积木中。

Tip 点选"按下→▼"积木的"▼"键，点击选择栏中的"右方向键"。

⑥ 为使［Earth］角色可以跟随左右方向键移动，将运动积木中的"右转 ⟲ 15 度"、"左转 ⟲ 15 度"、"将 x 坐标增加 10"积木相连接，组建为 2 个积木组合。

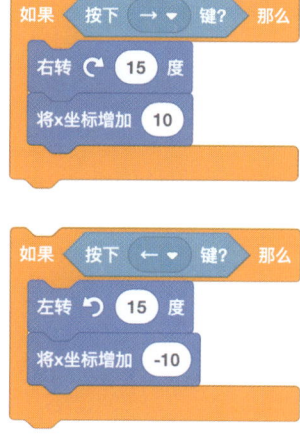

Tip 在"将 x 坐标增加 10"积木中输入数值"10"与"–10"，实现边更改坐标边移动的程序。

⑦ 最后在运动积木中添加"碰到边缘就反弹"积木，［Earth］角色碰到舞台边缘后向反方向移动。

碰到边缘就反弹

## 6 ▶ 测试后完成

❶ 点击舞台左上方的绿色小旗 🚩 运行程序。

❷ 将［Cat］与［Earth］角色移动至初始位置，并将使用说明以对话框形态显示 2 秒。

❸ 按下左右方向键，移动［Cat］与［Earth］角色。

# 查看所有代码

以下是已完成的 Scratch 积木。点击舞台左上方的绿色小旗 🚩，则 3 件事情会同时发生。［Cat］角色显示运动引导后，按下键盘上的方向键，则［Earth］角色一同移动。此外，2 个角色若触碰到舞台边界，则更改移动方向。

让我们来看一看项目内使用的所有积木吧。

［Cat］
组建角色积木

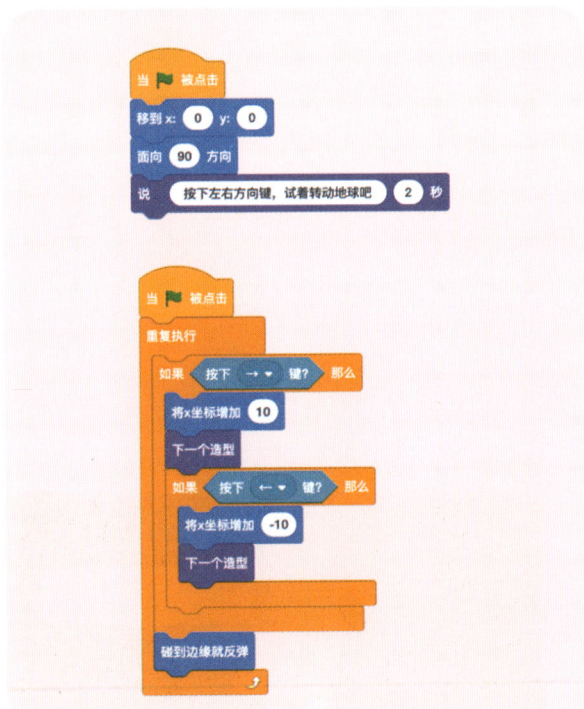

［Earth］
组建角色积木

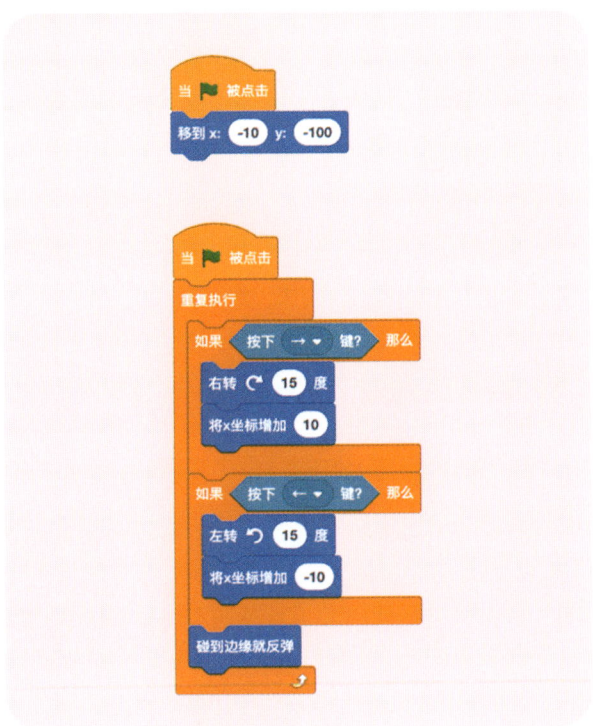

 **保存**

使用 Scratch 的［文件］菜单，保存自己创作的作品。

请将作品命名为［11. 转动地球 .sb3］。

### 1. 存储至本地
选择［文件→保存到电脑］，存储至计算机本地。

### 2. 存储至主页
选择在线编辑器菜单中的［文件→立即保存］，存储至 Scratch 主页。

## 碰到舞台边缘后更改方向

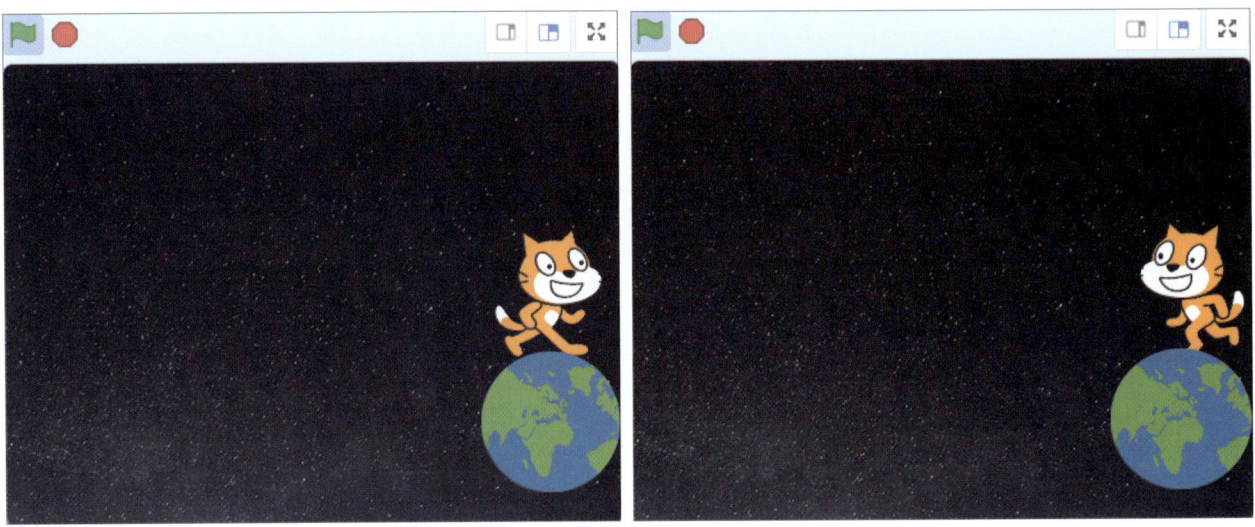

舞台的上下左右 4 个边界被称为墙，角色在舞台内移动时碰触到舞台边界的情况下，为了使得移动轨迹更加自然，则可使用运动积木中的"碰到边缘就反弹"积木。

"碰到边缘就反弹"积木的定义是：如果角色碰触到舞台的上下左右边界，为使其不离开舞台范围内，则将角色的移动方向更改至相反方向。若使用此积木，则即使角色碰触到边界，也能自然地更改方向。

# 挑战习题

正确答案：第179页 ▶▶▶▶

让我们来找找可以替代运动积木中 "碰到边缘就反弹" 积木功能的积木组合吧。

参考以下积木编写程序，注意不要使用运动积木中的 "碰到边缘就反弹" 积木。

〔Cat〕角色积木

移动 10 步

右转 ↻ 180 度

将旋转方式设为 左右翻转 ▼

如果 那么

碰到 舞台边缘 ▼ ?

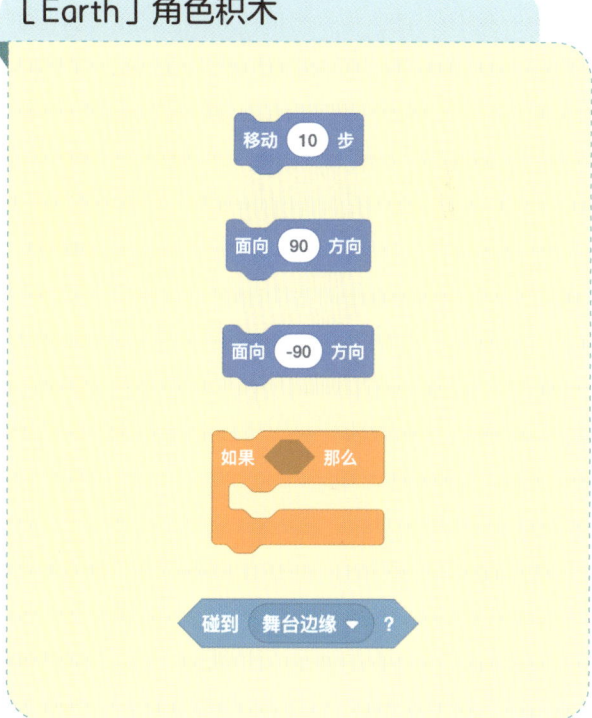

〔Earth〕角色积木

移动 10 步

面向 90 方向

面向 -90 方向

如果 那么

碰到 舞台边缘 ▼ ?

# Scratch 魔法学校

## 学什么?

- 了解复制角色的方法
- 使用显示任意数字的 "随机数"
- 了解复制角色的造型的方法

### 提前预览作品

让我们来用魔法制作气球吧。鼠标左键点击魔法师,则会出现各种颜色的气球。

## 了解角色/背景与积木

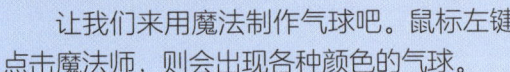

| 角色 / 背景 | 积木 |
| --- | --- |

# 跟我来编程

请按照以下步骤编写程序。 ▶▶▶

## 1 开始

❶ 在菜单内选择［文件→新建］。

❷ 进入新建界面。

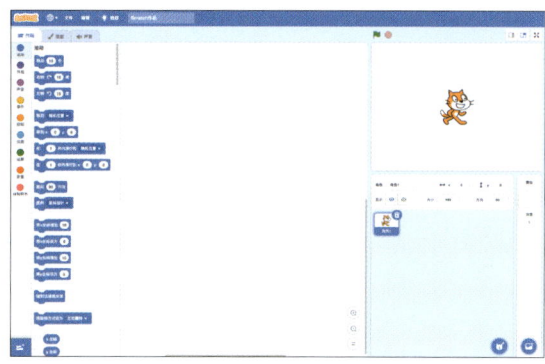

## 2 添加角色

❶ 在角色目录内点击［选择角色］菜单内的［选择一个角色］键。

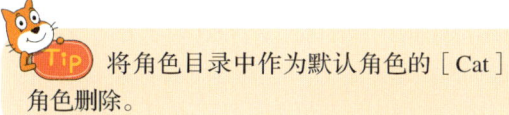
Tip 将角色目录中作为默认角色的［Cat］角色删除。

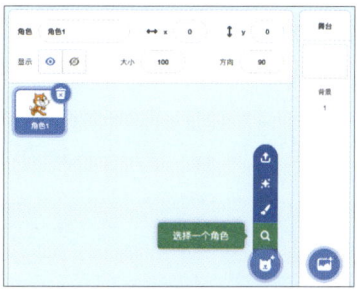

❷ 在角色选择页面选择［Wizard］与［Balloon1］。

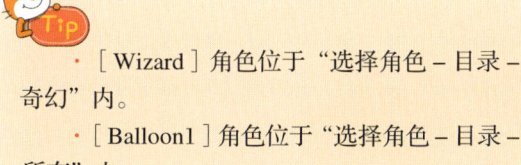
Tip
·［Wizard］角色位于"选择角色 – 目录 – 奇幻"内。
·［Balloon1］角色位于"选择角色 – 目录 – 所有"内。

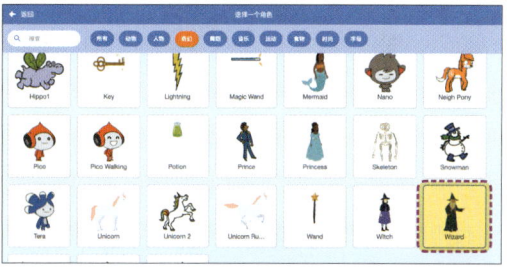

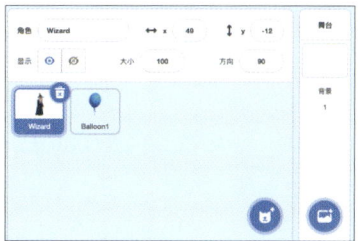

## 3  增加背景

❶ 点击舞台目录［选择背景］菜单中的［选择一个背景］键。

❷ 在背景选择页面选择［Witch House］。

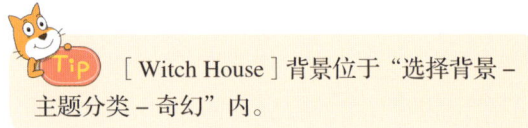
［Witch House］背景位于"选择背景 – 主题分类 – 奇幻"内。

## 4  组建［Wizard］角色积木

❶ 将事件积木中的"当 🚩 被点击"积木拖曳至脚本区。

❷ 连接运动积木中的"移到 x: 0 y: 0"积木，设定［Wizard］角色的初始位置。

❸ 将"移到 x: 0 y: 0"积木中的数值设定为"x:-150，y:-20"。

❹ 将事件积木中的"当角色被点击"积木与控制积木中的"克隆自己▼"积木连接并拖曳至脚本区。

❺ 点击"克隆自己▼"积木中的"▼"键，选择下拉框中的"Balloon1"，在点击［Wizard］角色时复制［Balloon1］角色。

## 5 组建［Balloon1］角色积木

① 将事件积木中的"当 ▶ 被点击"积木拖曳至脚本区。

② 连接外观积木中的"隐藏"积木，当绿色小旗 ▶ 被点击，舞台上的气球隐藏起来。

③ 将控制积木的"当作为克隆体启动时"积木拖曳至脚本区。

当作为克隆体启动时

④ 连接外观积木的"显示"、运动积木的"移到 x: 0 y: 0"、外观积木的"换成 balloon1-a ▼ 造型"以及"将颜色 ▼ 特效设定为 0"积木。

⑤ 组建运算积木中的"在 1 和 10 之间取随机数"积木以设置［Balloon1］角色的位置、形状以及虚像效果，并将它们分别放入以上步骤的输入数值中去。

在 -200 和 200 之间取随机数

在 -100 和 180 之间取随机数

在 1 和 3 之间取随机数

在 20 和 80 之间取随机数

当作为克隆体启动时
显示
移到 x: 在 -200 和 200 之间取随机数 y: 在 -100 和 180 之间取随机数
换成 在 1 和 3 之间取随机数 造型
将 虚像 ▼ 特效设定为 在 20 和 80 之间取随机数

## 6 测试并完成

① 点击舞台左上方的绿色小旗 ▶ 运行程序。

② 点击［Wizard］角色，复制［Balloon1］角色。

③ 舞台上气球的位置、形状以及虚像效果以随机形式出现。

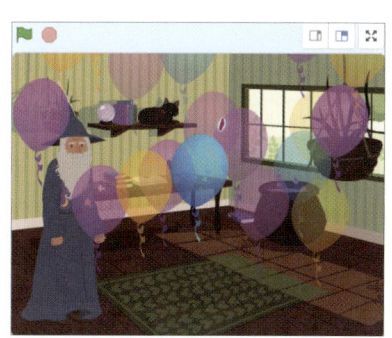

# 查看所有代码

以下是已完成的 Scratch 积木。点击舞台左上方的绿色小旗 ▶ 运行程序。点击［wizard］角色，则［Balloon1］角色开始复制，被复制的［Balloon1］角色以随机位置、形状与虚像在舞台上出现。

让我们来复习程序内出现的所有代码。

## ［wizard］
### 组建角色的积木

```
当 ▶ 被点击
移到 x: -150 y: -20
```

```
当角色被点击
克隆 Balloon1 ▼
```

## ［Balloon1］
### 组建角色的积木

```
当 ▶ 被点击
隐藏
```

```
当作为克隆体启动时
显示
移到 x: 在 -200 和 200 之间取随机数 y: 在 -100 和 180 之间取随机数
换成 在 1 和 3 之间取随机数 造型
将 虚像 ▼ 特效设定为 在 20 和 80 之间取随机数
```

# 保存

使用 Scratch 的［文件］菜单，保存自己创作的作品。

请将作品命名为［12.Scratch 魔法学校 .sb3］。

### 1. 存储至本地
选择［文件→保存到电脑］，存储至计算机本地。

### 2. 存储至主页
选择在线编辑器菜单中的［文件→立即保存］，存储至 Scratch 主页。

## 一眼看透编码原理

### 随机数

　　随机数是没有特定顺序或规则、随机产生的数。举例来说，运算积木中的"在1和10之间取随机数"积木是从最小值1到最大值10为止的区间内随机选择数字。因为随机数无法确认哪个数将被选择，因此数值的随机性增加，可以表现出多种大小、造型以及状态。

### 图形效果

[ School ] 背景

背景的基本状态。

颜色

图像的颜色从0至200之间更改。

鱼眼镜头

像鱼的眼睛一样将画面从正中扭曲。

漩涡

像漩涡一样扭曲画面。

像素化

将图像更改为由四方形像素组成。

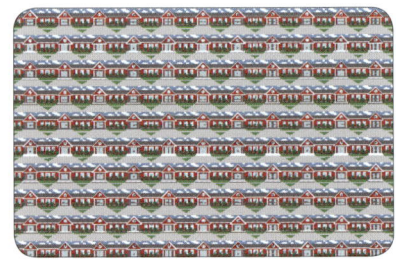

马赛克

用马赛克构成图像。

亮度

从 –100 至 100 的数值之间设定亮度。

虚像

从 0 至 100 的数值之间调节虚像。

# 挑战习题

正确答案：第180页 ▶▶▶

使用笔刷积木中的" 图章 "积木，呈现盖印章的效果。

 问题

如何组合以下积木，使得每次用鼠标左键点击［Dani］角色时，［Dani］角色的图形被复制？

### 角色

[Dani]

Tip ［Dani］角色位于"选择角色–目录–人物"内。

### 背景

[castle2]

Tip ［castle2］背景位于"选择背景–目录–梦幻"内。

### ［Dani］角色积木

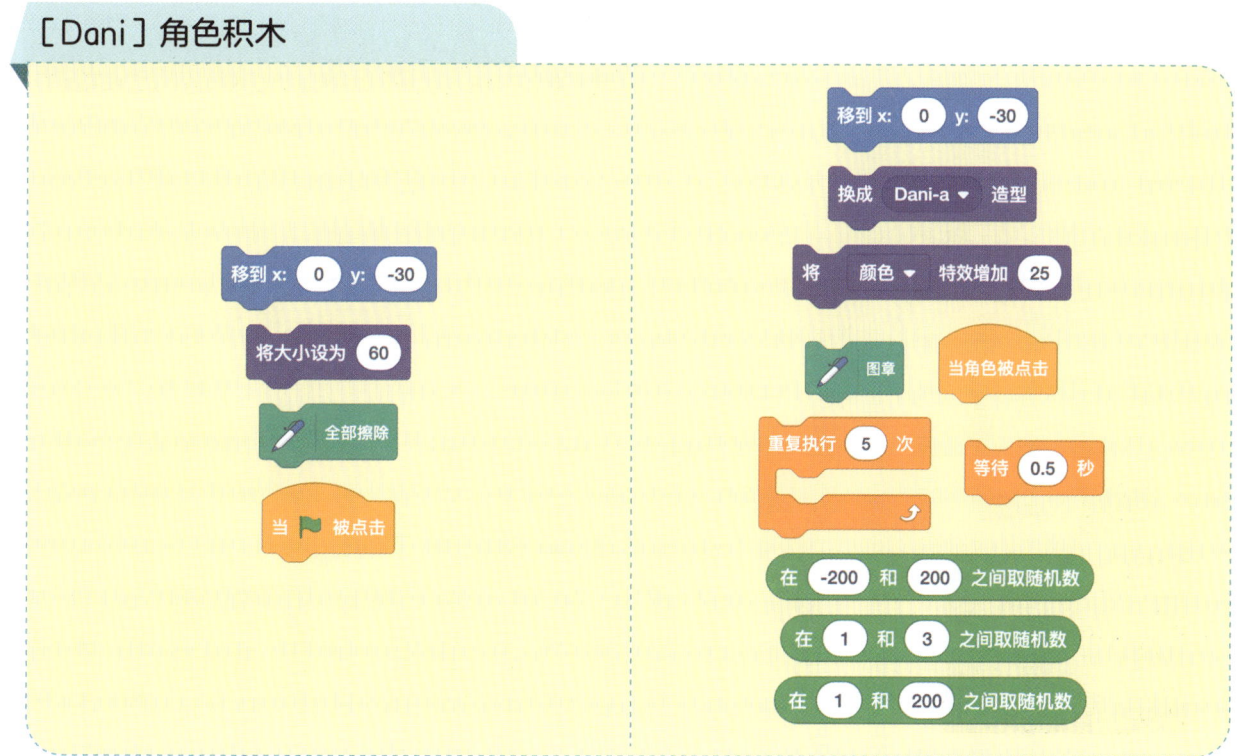

移到 x: 0 y: -30

将大小设为 60

全部擦除

当 🚩 被点击

移到 x: 0 y: -30

换成 Dani-a ▼ 造型

将 颜色 ▼ 特效增加 25

图章

当角色被点击

重复执行 5 次

等待 0.5 秒

在 -200 和 200 之间取随机数

在 1 和 3 之间取随机数

在 1 和 200 之间取随机数

# 第13天 演奏会

## 学什么?

- 点击角色,则发出声音
- 按下键盘上的键,则发出声音

## 提前预览作品

演奏会的舞台上有好几种乐器。使用鼠标左键点击乐器,让演奏会开始吧。调整呼吸、放松手指,让酷炫的演奏会开始吧!

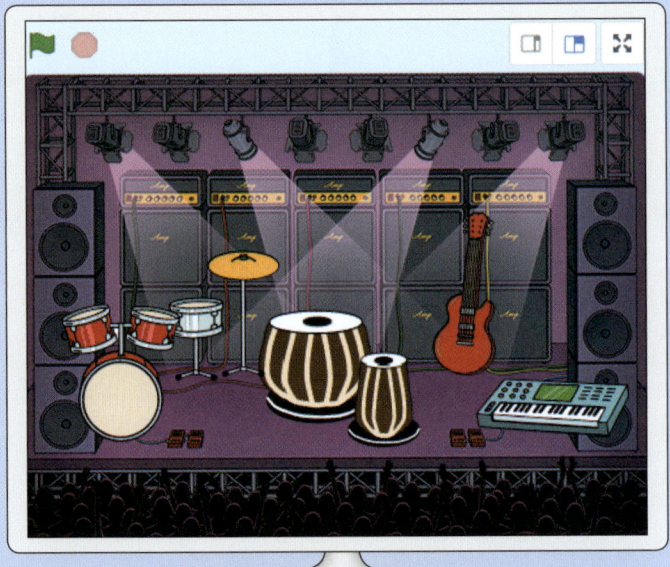

## 了解角色/背景与积木

| 角色 / 背景 | 积木 |
|---|---|

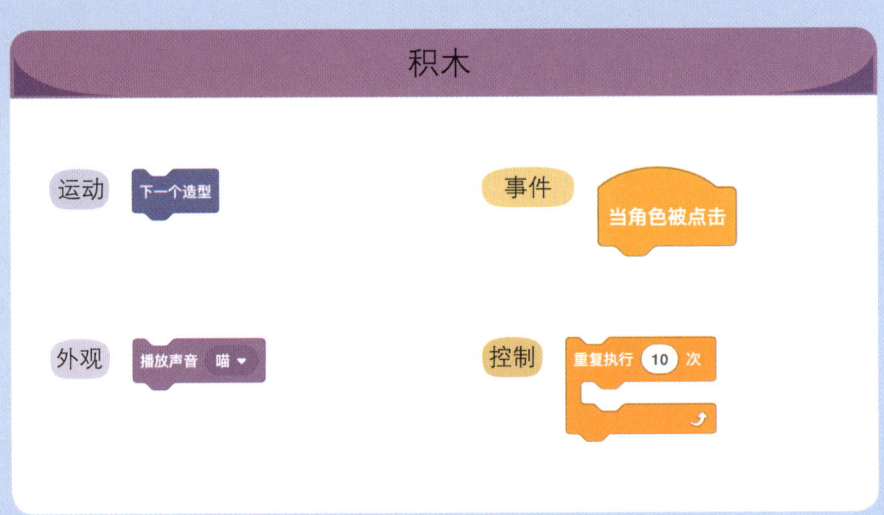

运动 下一个造型

外观 播放声音 喵 ▼

事件 当角色被点击

控制 重复执行 10 次

**请按照以下步骤编写程序。**▶▶▶

## 1 ▶ 开始

❶ 在菜单内选择［文件→新建］。

❷ 进入新建界面。

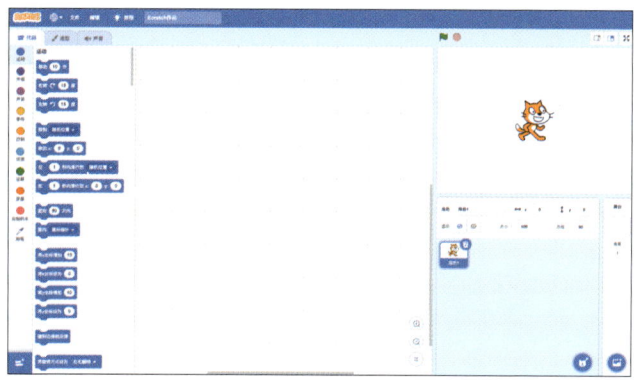

## 2 ▶ 添加角色

❶ 在角色目录中的［选择角色］菜单内点击［选择一个角色］键。

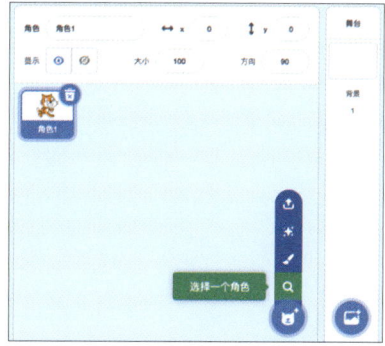

❷ 在角色选择页面分别选择［Drum Kit］、［Drum-cymbal］、［Drum-snare］、［Drum Tabla］、［Guitar-electric1］、［Keyboard］。

> **Tip** ［Drum Kit］、［Drum-cymbal］、［Drum-snare］、［Drum Tabla］、［Guitar-electric1］、［Keyboard］角色位于"选择角色 - 目录 - 音乐"内。

❸ 将角色目录中作为默认角色的［Cat］角色删除，并将剩下的 6 个角色在舞台上随意排布。

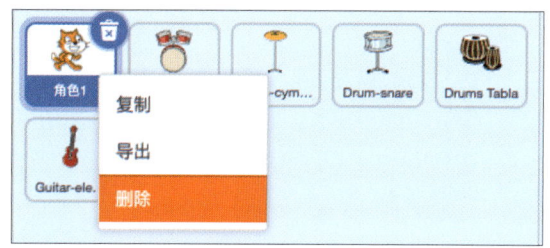

## 3 ▶ 添加背景

① 点击舞台目录中［选择背景］菜单内的［选择一个背景］键。

② 选择背景选择页内的［Concert］。

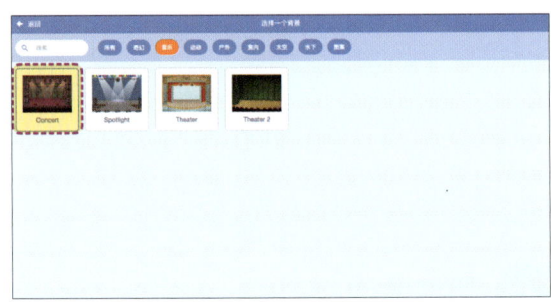

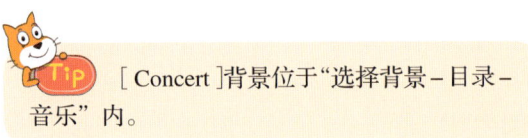

[Concert]背景位于"选择背景–目录–音乐"内。

## 4 ▶ 组建［Drum Kit］角色积木

① 点击位于角色目录首位的［Drum Kit］角色后，将事件积木中的"当角色被点击"积木与控制积木中的"重复执行 10 次"积木拖曳至角色区并连接。

② 因为［Drum Kit］角色有 2 个造型，故将"重复执行 10 次"积木内的数值设定为 2。

③ 将外观积木中的"下一个造型"积木与声音积木中的"播放声音 Drum Bass1 ▼"积木相连接，并将连接积木放入"重复执行 2 次"积木内。

[Drum Kit]角色的[声音]标签页内有 5 种声音，请在其中选择想播放的声音。

## 5 构建余下的角色积木

❶ 用鼠标拖曳之前构建的［Drum Kit］角色积木组合至角色区角色目录内的［Drum-cymbal］角色上，并放开鼠标左键。

❷ 之后确认［Drum-cymbal］角色在角色区内复制的积木，选择想要播放的声音。

❸ 使用组建［Drum-cymbal］角色积木的方法组建其它角色积木。

## 6 测试并完成

❶ 点击舞台左上方的绿色小旗 🚩 运行程序。

❷ 用鼠标左键点击舞台上的乐器角色并播放声音。

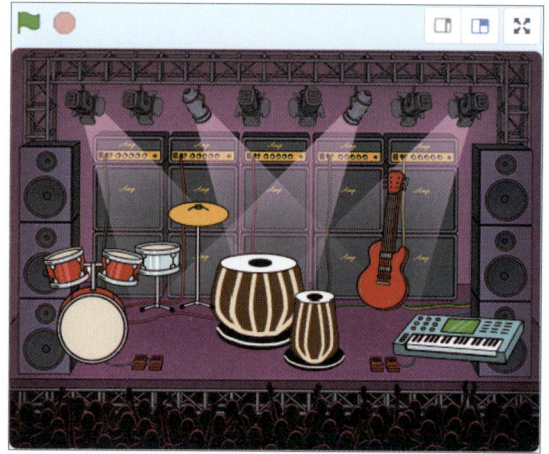

# 查看所有代码

以下是完成的 Scratch 积木。点击各乐器角色并运行程序。更改点击乐器的顺序与速度，就可以演奏乐曲。

让我们来看一看项目内使用的所有积木吧。

### 组建〔Drum Kit〕角色的积木

### 组建〔Drum-cymbal〕角色的积木

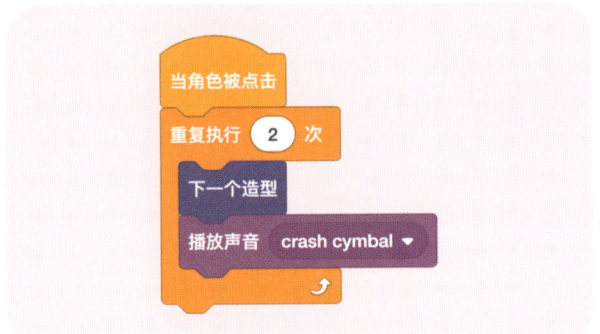

### 组建〔Drum-snare〕角色的积木

### 组建〔Drum Table〕角色的积木

### 组建〔Guitar-electric1〕角色的积木

### 组建〔Keyboard〕角色的积木

# 保存

使用 Scratch 的［文件］菜单，保存自己创作的作品。

请将作品命名为［13. 演奏会 .sb3］。

### 1. 存储至本地
选择［文件→保存到电脑］，存储至计算机本地。

### 2. 存储至主页
选择在线编辑器菜单中的［文件→立即保存］，存储至 Scratch 主页。

# 一眼看透编码原理

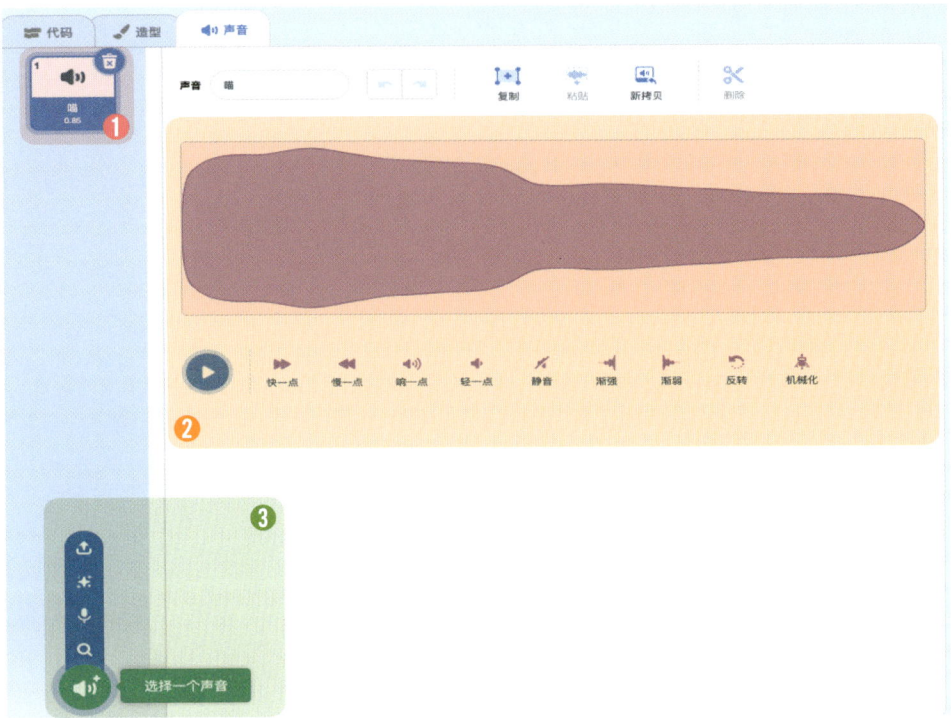

❶ 可以在脚本区的［声音］标签页查看声音的基本信息。默认声音是默认角色猫咪的喵呜声。

❷ 使用波形图下方的按钮功能，可以对声音进行编辑。

❸ 在［选择声音］目录内可以用多种方法播放声音。

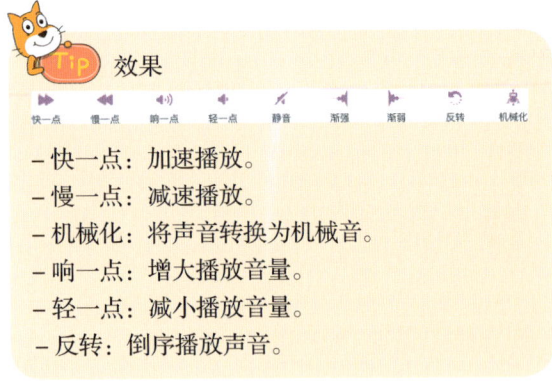

**效果**

- 快一点：加速播放。
- 慢一点：减速播放。
- 机械化：将声音转换为机械音。
- 响一点：增大播放音量。
- 轻一点：减小播放音量。
- 反转：倒序播放声音。

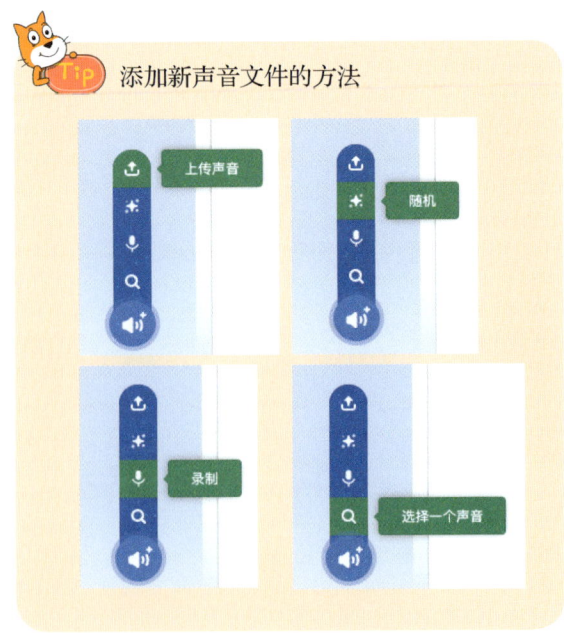

**添加新声音文件的方法**

# 挑战习题

正确答案：第181页 ▶▶▶

让我们按下键盘上的数字键，一起来演奏乐器吧！

 问题

如何将以下积木进行组合，编写按下从 1 至 6 的数字键就能演奏乐器的程序呢？

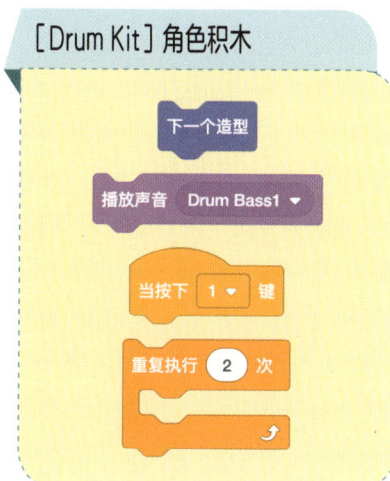

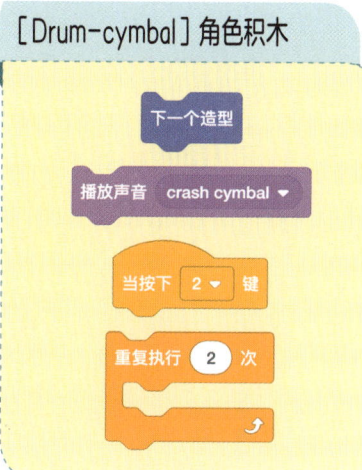

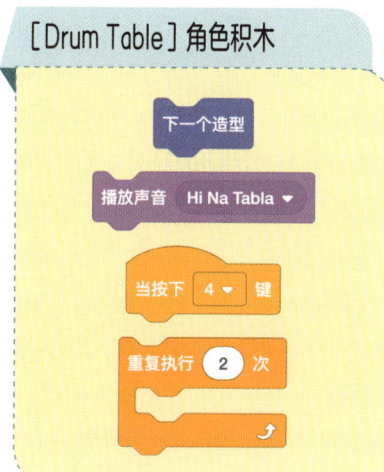

提示

以与［Drum Kit］角色相同的形式组建［Drum-cymbal］、［Drum-snare］、［Drum Tabla］、［Guitar-electric1］、［Keyboard］角色的积木。

# 今天是毕加索

### 学什么?

- 使用鼠标在舞台上画图
- 按下键盘上的空格键进行画图,按下 e 键擦除图画
- 使用变量进行笔刷颜色与线条粗细的变换

## 提前预览作品

今天让我们做一天毕加索,用画笔创作属于自己的作品吧!使用鼠标调节笔刷的颜色与线条的粗细,使用键盘涂画与擦除线条,画出美美的图画吧。

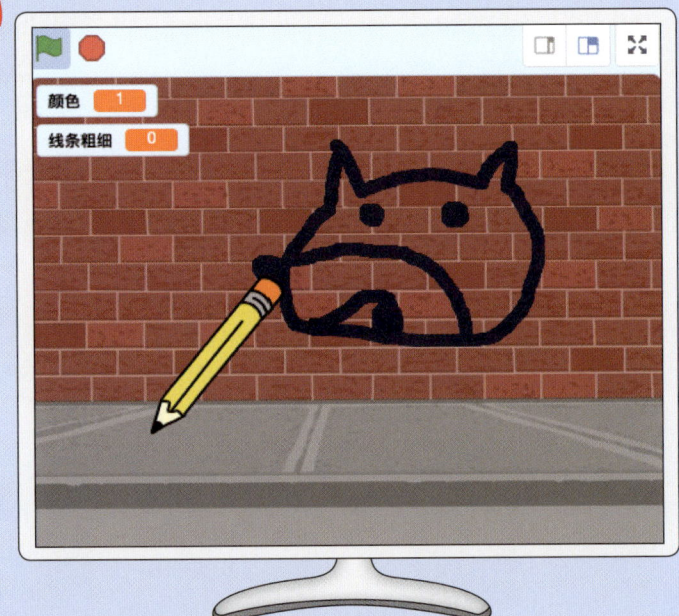

## 了解角色/背景与积木

| 角色 / 背景 | 积木 |
|---|---|

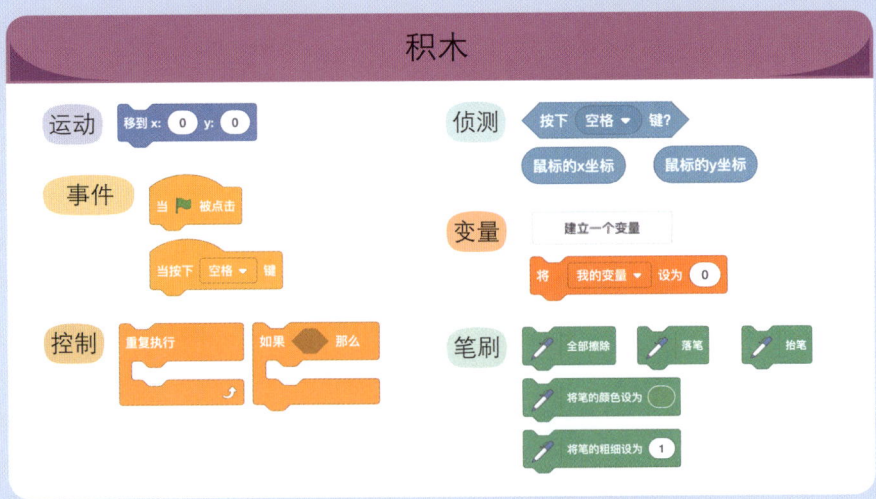

# 跟我来编程

请按照以下步骤编写程序。▶▶▶

**1** | **开始**

❶ 在菜单内选择［文件→新建］。

❷ 进入新建界面。

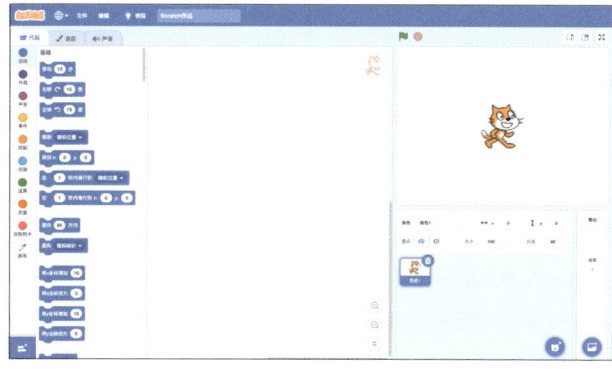

**2** | **添加角色**

❶ 点击角色目录内［选择角色］菜单中的［选择一个角色］键。

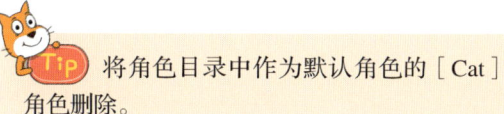
将角色目录中作为默认角色的［Cat］角色删除。

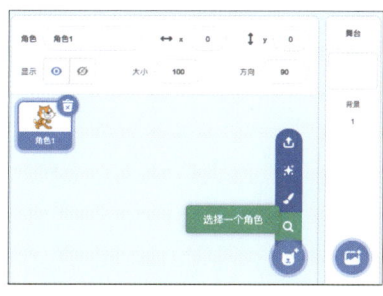

❷ 在角色选择页面内选择［Pencil］。

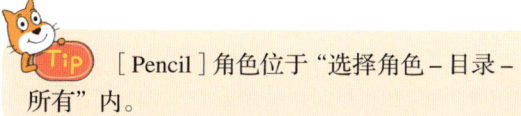
［Pencil］角色位于"选择角色–目录–所有"内。

❸ 在［造型］标签页的编辑页面内选择［Pencil］角色的所有造型，向右移动后可以查看底部形状的中心点。

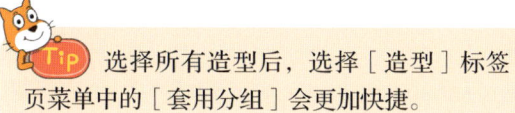
选择所有造型后，选择［造型］标签页菜单中的［套用分组］会更加快捷。

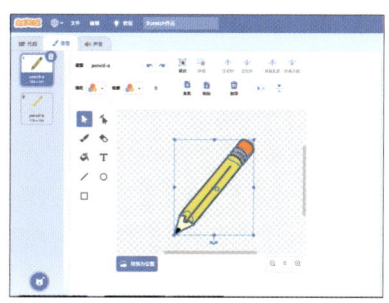

❹ 将［Pencil］角色的笔头部分设置为造型的中心点。

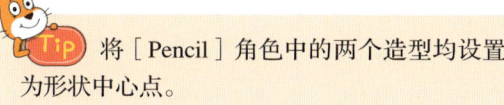
将［Pencil］角色中的两个造型均设置为形状中心点。

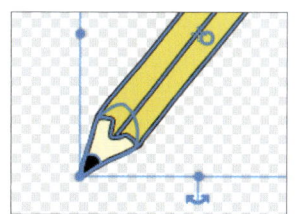

添加背景

① 点击舞台目录内［新背景］菜单中的［选择一个背景］键。

② 在背景选择页内选择［wall 1］。

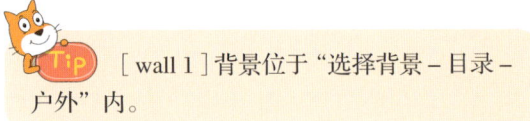

［wall 1］背景位于"选择背景 – 目录 – 户外"内。

4 组建变量积木

① 点击变量积木内的［建立一个变量］键，则弹出［新变量］窗口。

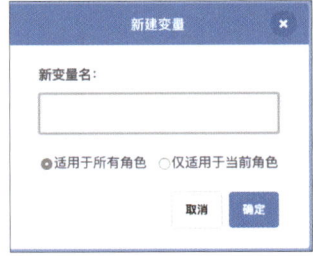

② 将变量命名为"颜色"，点击［确认］键，增加［颜色］变量。

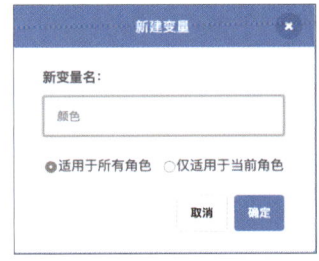

③ 运用以上方法输入"线条粗细"，点击［确认］键，增加［线条粗细］变量。

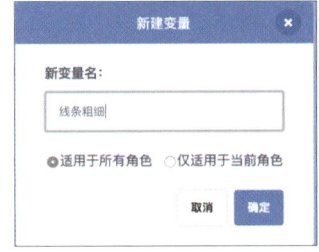

④ 点击变量积木内变量的复选框，在舞台上显示〔颜色〕、〔线条粗细〕变量。

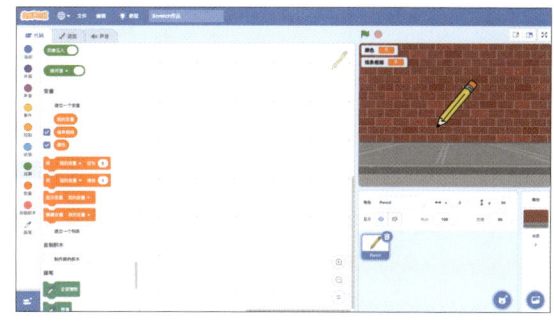

⑤ 在舞台中的变量上点击鼠标右键，选择使用〔滑杆〕。

⑥ 在变量下方出现滑杆，在滑杆上点击鼠标右键，选择〔改变滑块范围〕。

⑦ 弹出〔改变滑块范围〕窗口，在〔颜色〕变量内选择"最小：1，最大：200"，在〔线条粗细〕变量内选择"最小：1，最大：20"，点击〔确认〕键。

**5** 组建〔pencil〕角色的初始状态

① 将事件积木中的"当 🏴 被点击"积木拖曳至脚本区。

② 连接运动积木中的"移到 x: 0 y: 0"、变量积木中的 2 个"将'我的变量'设为 0"、笔刷积木中的"抬笔"、"全部擦除"积木。

·按下"将'我的变量'设为 0"积木中的"▼",在弹出菜单内分别选择"颜色"与"线条粗细",将积木的输入值设定为"1"。
·在左下方的［添加扩展功能］菜单内添加笔刷积木。

## 6 ▶ 组建擦除图画积木

① 将事件积木中的"当按下空格 ▼ 键"积木与笔刷积木中的"全部擦除"积木拖曳至脚本区并连接。

② 点击"当按下空格 ▼ 键"积木的"▼"键,选择下拉框内的"e",则按下 e 键时会擦除舞台上的画作。

## 7 ▶ 组建画图积木

① 组建点击舞台左上方绿色小旗 时,［Pencil］角色开始跟随鼠标移动的积木。

② 组建如下积木:按下空格键的状态下,移动鼠标可在舞台上画画,没有按下空格键时,抬笔,停止画图。

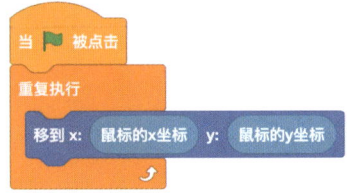

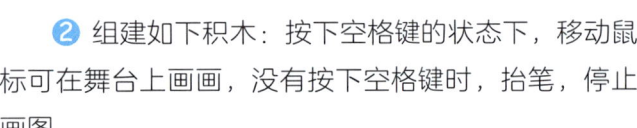

❸ 连接以上两个积木组合，完成整体画图积木。

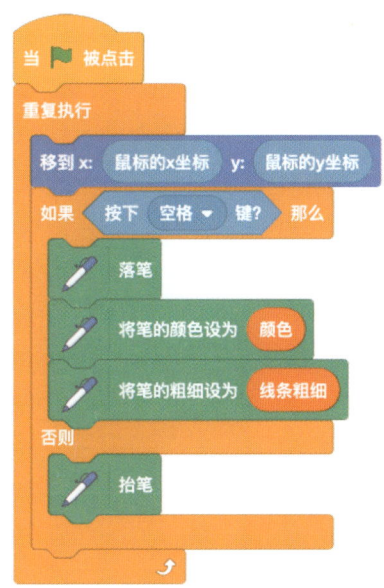

**8** 测试并完成

❶ 点击舞台左上方的绿色小旗 ▶，运行程序。

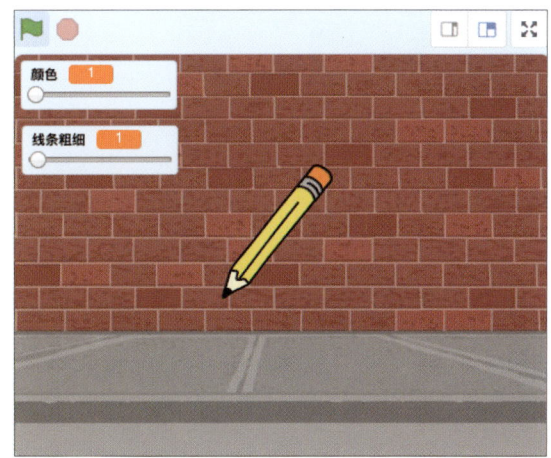

❷ 使用鼠标调节［颜色］、［线条粗细］底部的滑杆，调节数值。

❸ 按下空格键后，在舞台上点击鼠标左键画图。在不按下空格键时，停止画图。要想擦除图画，则按下 e 键，所有图画被擦除。

## 查看所有代码

以下是已完成的 Scratch 积木。点击舞台左上方的绿色小旗 ⚑ 运行程序。使用舞台的变量积木更改铅笔的颜色与线条粗细，按下空格键画图，按下 e 键擦除已画的图画。

让我们来查看程序中使用的所有积木吧。

### 组建 [pencil] 角色的积木

当 ⚑ 被点击
移到 x: 0 y: 0
将 颜色 ▼ 设为 1
将 线条粗细 ▼ 设为 1
抬笔
全部擦除

当按下 e ▼ 键
全部擦除

当 ⚑ 被点击
重复执行
　移到 x: 鼠标的x坐标 y: 鼠标的y坐标
　如果 按下 空格 ▼ 键? 那么
　　落笔
　　将笔的颜色设为 颜色
　　将笔的粗细设为 线条粗细
　否则
　　抬笔

# 保存

使用 Scratch 的［文件］菜单，保存自己创作的作品。

请将作品命名为［14. 今天是毕加索 .sb3］。

### 1. 存储至本地
选择［文件→保存到电脑］，存储至计算机本地。

### 2. 存储至主页
选择在线编辑器菜单中的［文件→立即保存］，存储至 Scratch 主页。

# 一眼看透编码原理

## 变量

变量的意义是，在某个范围或者形式内可以变为多个数值的值，可以被比喻为放有某些数值的碗。碗的名字被称为变量名称，碗里的内容物被称为变量的值。

使用者或积木运行的结果可以改变变量值的范围或是使用该变量值，而脚本可以制造各种结果。

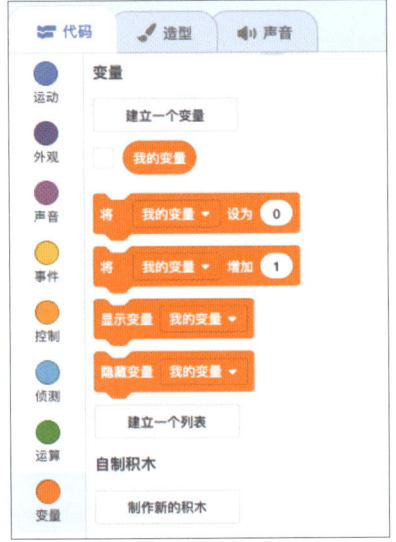

**Tip** 使用变量积木中的［建立一个变量］键可以创建新的变量。选择变量的名称与变量使用的范围。

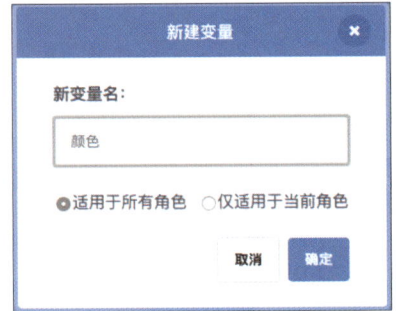

**Tip** 生成变量后，将在变量范围内生成变量积木。可以灵活运用该积木生成的变量。

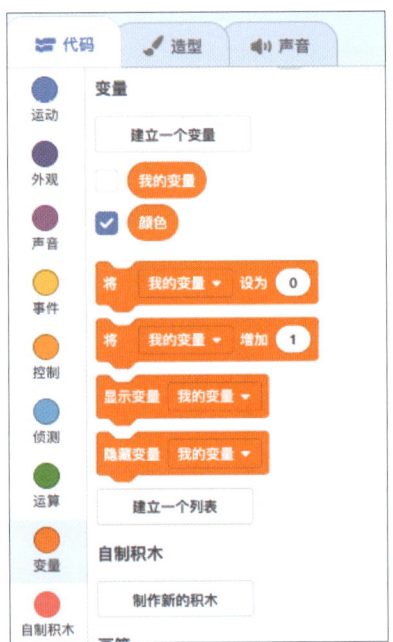

挑战习题

正确答案：第182页 ▶▶▶

有没有比按下空格键就能画画更简单的画图方式呢？

 问题

如何组合以下积木，以使点击鼠标左键后就可以灵活地画图呢？

## [Pencil] 角色积木

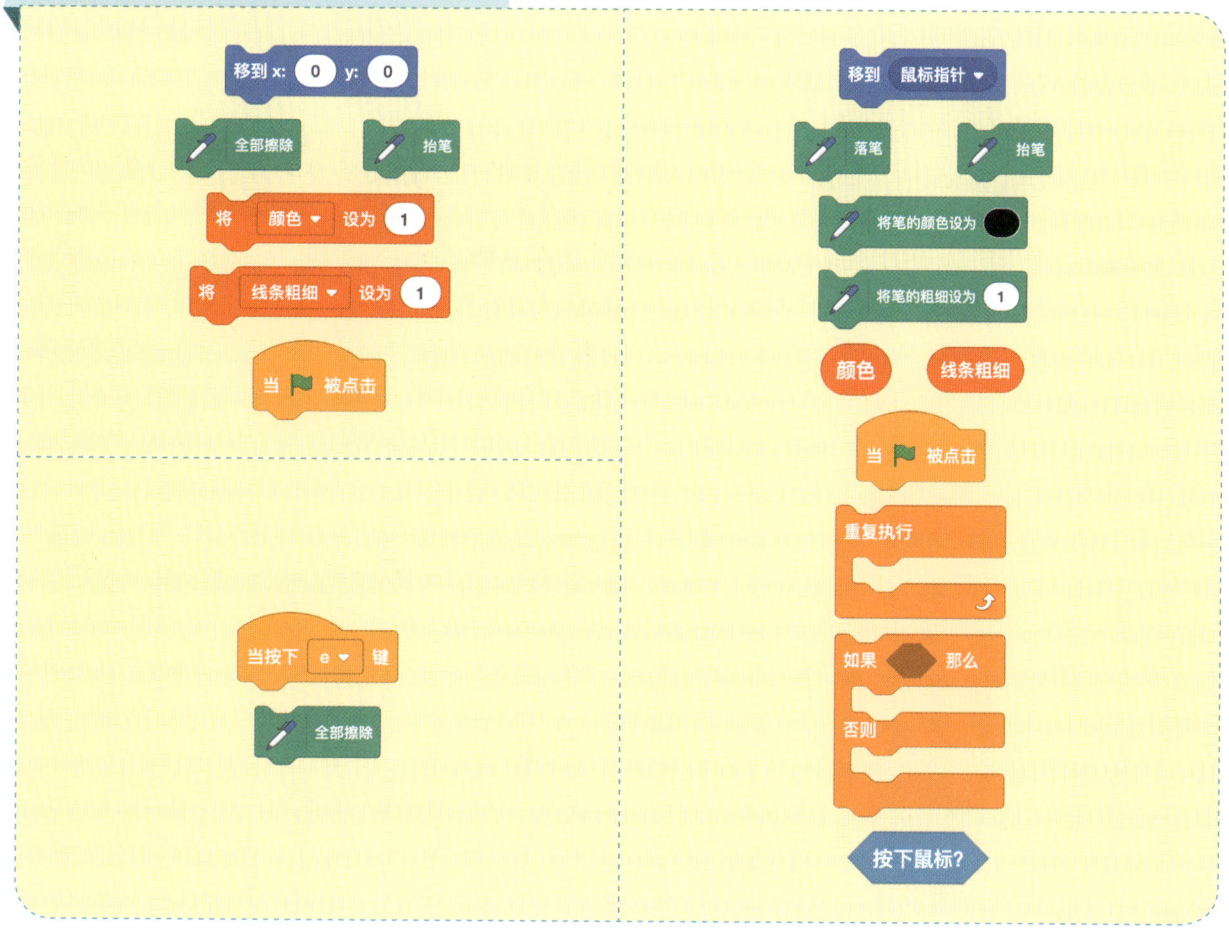

移到 x: 0 y: 0

全部擦除    抬笔

将 颜色 ▼ 设为 1

将 线条粗细 ▼ 设为 1

当 ▶ 被点击

当按下 e ▼ 键

全部擦除

移到 鼠标指针 ▼

落笔    抬笔

将笔的颜色设为 ●

将笔的粗细设为 1

颜色    线条粗细

当 ▶ 被点击

重复执行 ↻

如果 ⬡ 那么

否则

按下鼠标？

# 我的梦想，我的未来

## 学什么?

- 组建 Story Telling
- 使用发送信号积木
- 根据用户的选择，制作不同的故事剧本

## 提前预览作品

大家有对未来的期盼吗？也许想做的事情太多，正在苦恼吧。请编写可以让 Abby 预见不同的梦想人生的程序吧。

我的梦想，我的未来是?

## 了解角色/背景与积木

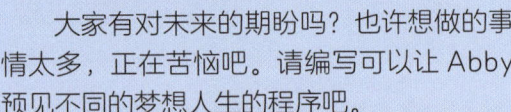

| 角色 / 背景 | 积木 |

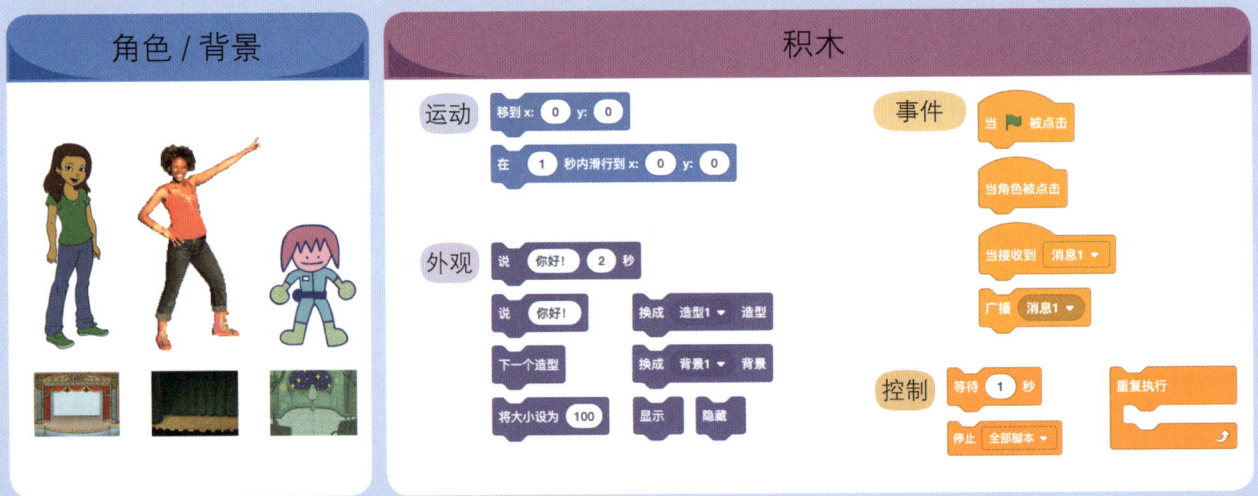

运动
移到 x: 0 y: 0
在 1 秒内滑行到 x: 0 y: 0

外观
说 你好! 2 秒
说 你好!
下一个造型
将大小设为 100
换成 造型1 ▾ 造型
换成 背景1 ▾ 背景
显示 隐藏

事件
当 ▶ 被点击
当角色被点击
当接收到 消息1 ▾
广播 消息1 ▾

控制
等待 1 秒
停止 全部脚本 ▾
重复执行

## 跟我来编程

请按照以下步骤编写程序。▶▶▶

### 1　开始

❶ 在菜单内选择［文件→新建］。

❷ 进入新建界面。

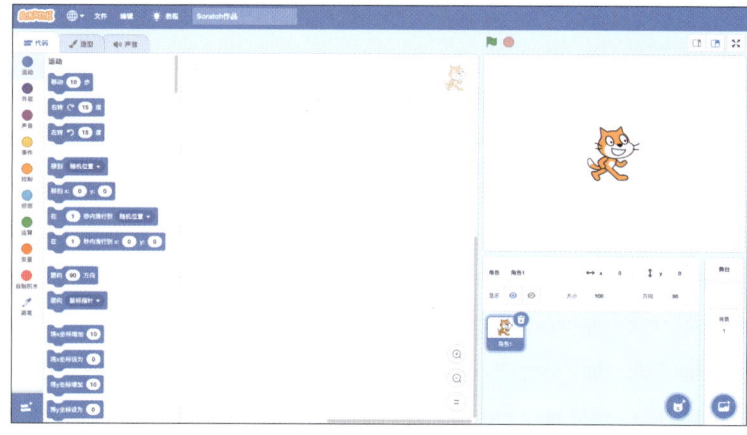

### 2　增加角色

❶ 点击角色目录下［选择角色］菜单内的［选择一个角色］键。

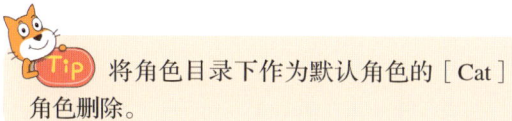

Tip　将角色目录下作为默认角色的［Cat］角色删除。

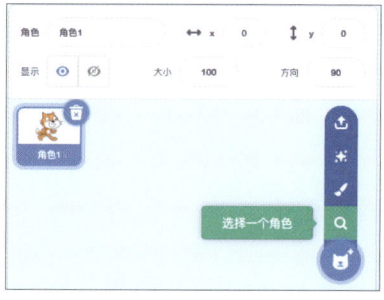

❷ 在角色选择页面选择［Abby］、［Cassy Dancy］、［Monet］。

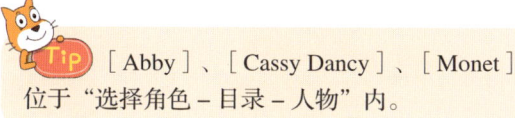

Tip　［Abby］、［Cassy Dancy］、［Monet］位于"选择角色 – 目录 – 人物"内。

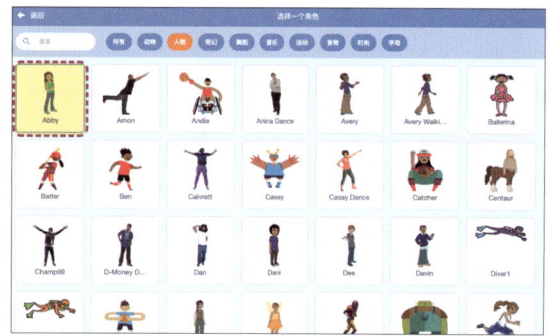

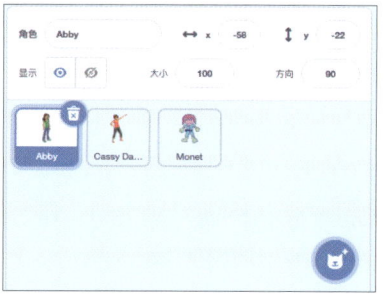

## 3 添加背景

❶ 点击舞台目录下［选择背景］菜单内的［选择
一个背景］键。

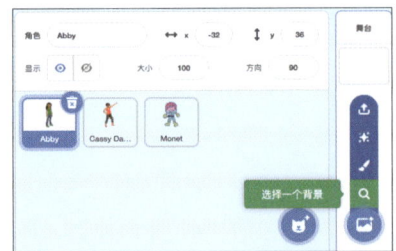

❷ 在背景选择页面选择［Theater］、［Theater2］、
［Spaceship］。

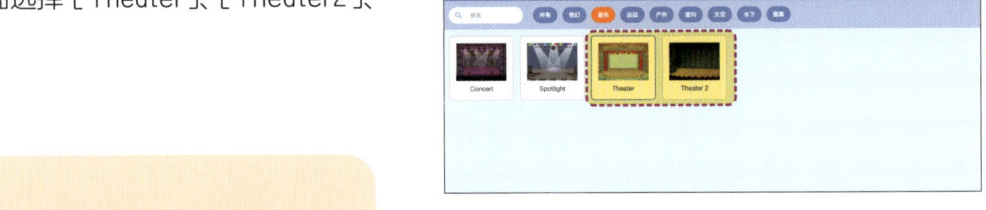

 ·［Theater］、［Theater2］背景位于"选
择背景–目录–音乐"内。
·［Spaceship］背景位于"选择背景–目录–
宇宙"内。

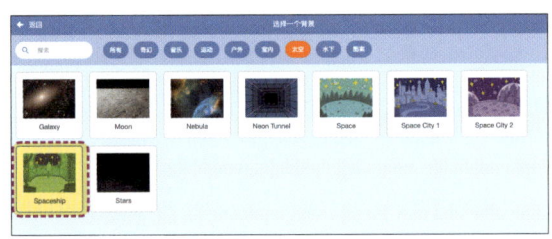

## 4 区分故事场景

❶ 将事件积木中的"**当接收到消息1▼**"、"**广播
消息1▼**"积木拖曳至脚本区，并区分故事场景。

❷ 点击两个积木中的"▼"后，点击下拉框中的
"新消息"，弹出［新消息］窗口。

❸ 在消息名称内添加"第一次、舞者、探险家"，
分别组建积木。

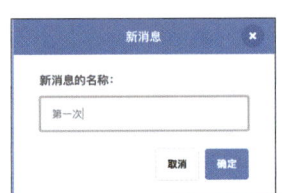

就像组建"第一次"积木一样，添加"舞
者、探险家"并组建积木。

## 5 组建背景脚本

① 将事件积木中的"当接收到消息1▼"积木与外观区中的"换成背景1▼"积木拖曳至脚本区并连接。

② 收到"第一次、舞者、探险家"信息时，为选择与其相配的背景而各自组建积木。

## 6 组建［Abby］角色积木

① 将事件积木中的"当▶被点击"、"当角色被点击"积木与"广播第一次▼"积木相连接，使得程序在点击绿色小旗▶或［Abby］角色时，则播放"第一次"信息并初始化。

② 将事件积木中的"当接收到舞者▼"积木与外观积木中的"说'我要成为舞者，去参加世界大赛！'"积木相连接，使得程序在点击［Cassy Dance］角色时，则播放"舞者"信息。

③ 将事件积木的"当接收到探险家▼"与外观积木的"说'我要成为探险家，去星际旅行！'"积木相连接，使得程序在点击［Monet］角色时，则播放"探险家"信息。

❹ 组建收到"第一次"信息时, [Abby] 角色的初始位置、大小与造型可以一直改变的积木。

❺ 收到"第一次"信息时, [Abby] 角色开始对"我的梦想, 我的未来是?"进行发表, 让用户对未来进行选择。

## 7 组建 [Cassy Dance] 角色积木

❶ 当绿色小旗 🚩 被点击, 将其隐藏。

❷ 收到"第一次"信息时, 将此角色隐藏 4 秒后显示。

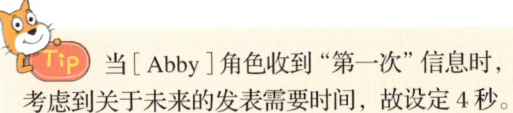

当 [Abby] 角色收到"第一次"信息时, 考虑到关于未来的发表需要时间, 故设定 4 秒。

❸ 收到"探险家"信息时, 隐藏 [Cassy Dance] 角色。

❹ 收到"舞者"信息时, 设定位置, 使得角色不停变更造型进行舞蹈。

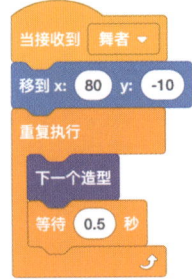

## 8 组建［Monet］角色积木

❶ 当绿色小旗  被点击则隐藏角色。

❷ 播放"第一次"信息时，隐藏本角色，4 秒后重新显示。

❸ 收到"舞者"信息时，隐藏［Monet］角色。

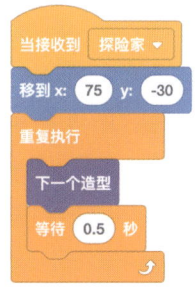

❹ 收到"探险家"信息时，设定位置并持续更改造型，对宇宙进行探索。

## 9 测试并完成

❶ 点击舞台左上方的绿色小旗  运行程序。

❷ 点击［Cassy Dance］、［Monet］角色，可以看到［Abby］角色在未来变身舞者与探险家的样子。

❸ 在展示舞者、探险家的未来场面时，点击小［Abby］角色，则回到初始的发表场景。

## 查看所有代码

以下是已完成的 Scratch 积木。点击舞台左上方的绿色小旗 🚩，则〔Abby〕角色开始对未来梦想的发表。点击舞者与探险家，了解未来的自己，点击〔Abby〕则回到初始的发表场景。

一起来看看程序内所有使用的积木吧。

### 构成背景脚本的积木

### 组建〔Abby〕角色的积木

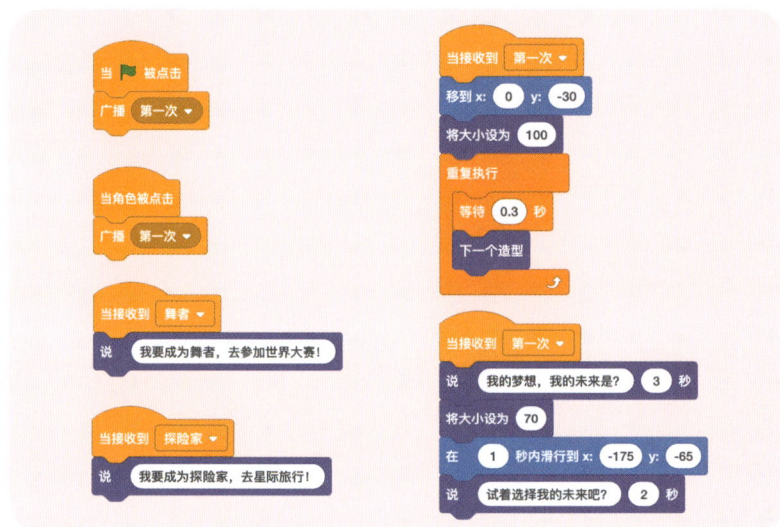

### 组建〔Cassy Dance〕角色的积木

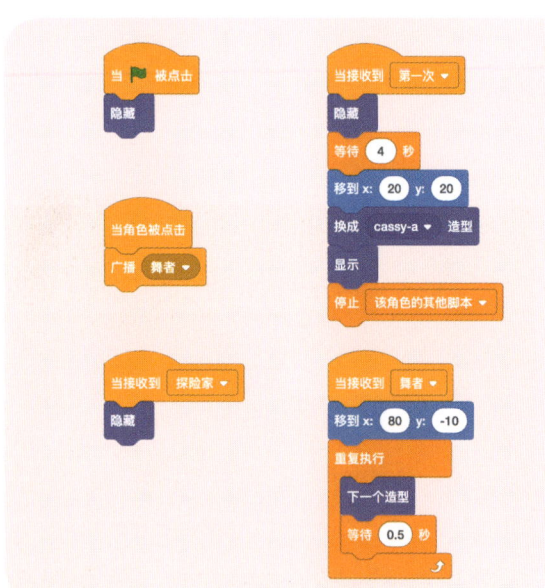

### 组建〔Monet〕角色的积木

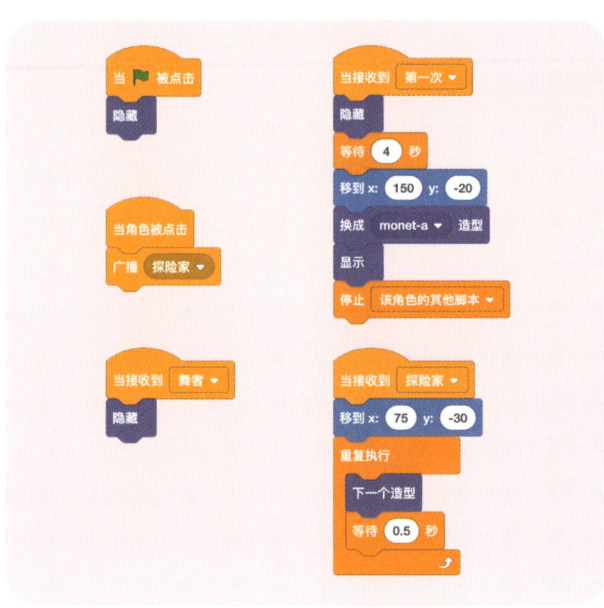

# 保存

使用 Scratch 的［文件］菜单，保存自己创作的作品。

请将作品命名为［15. 我的梦想，我的未来 .sb3］。

## 1. 存储至本地
选择［文件→保存到电脑］，存储至计算机本地。

## 2. 存储至主页
选择在线编辑器菜单中的［文件→立即保存］，存储至 Scratch 主页。

# 一眼看透编码原理

## 讲故事（Storytelling）

讲故事这个词语由故事（Story）与讲述（Telling）两个词组成，意义即为"讲述故事"。简单来说，讲故事的含义是，让向对方传达的内容以生动有趣的故事形式进行传播。

就像本小节中制作的程序一样，在向朋友说明自己的梦想时，可以用讲故事的形式详细地说明自己的梦想。这样朋友可以正确地理解自己想表达的内容，也会让他对你的讲述更加感兴趣。

❶

以主人公 Abby 独白的场景开始故事。

❷

与主人公 Abby 自己的梦想有关的故事。点击舞者与探险家角色，了解 Abby 的梦想。

❸

点击舞者，在华丽灯光的舞台上，舞者跳着帅气的舞蹈出现了。

❹

点击探险家，则探险家坐着宇宙飞船出现，去探索宇宙。

# 挑战习题

正确答案：第183—185页 ▶▶▶

需要一一点击角色以查看未来的样子，有点麻烦！添加"提问"信息，以侦测积木中的" ~提问并等待 "
积木组合组建程序吧。

 问题

组合以下积木，在舞台的空格内输入单词，一起来看 Abby 的梦想吧。（积木可以重复使用）

## 组建［Abby］角色"提问"信息积木

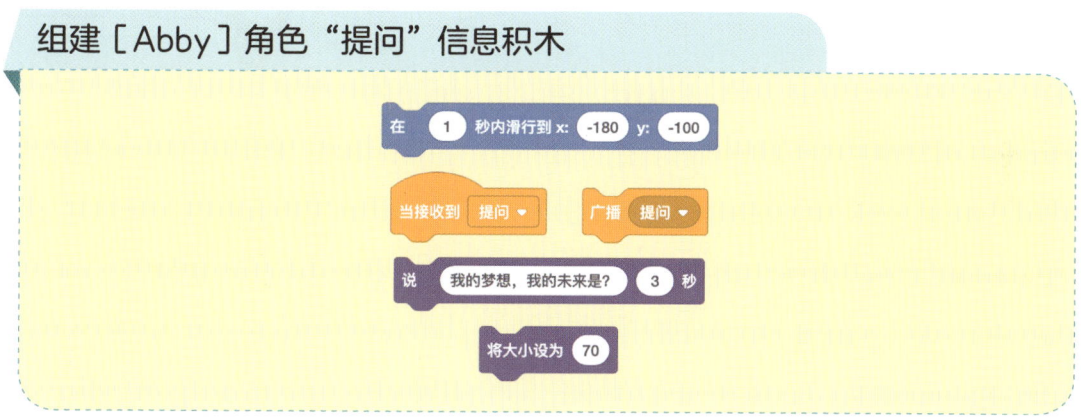

## 组建［Abby］角色"提问并等待"信息积木

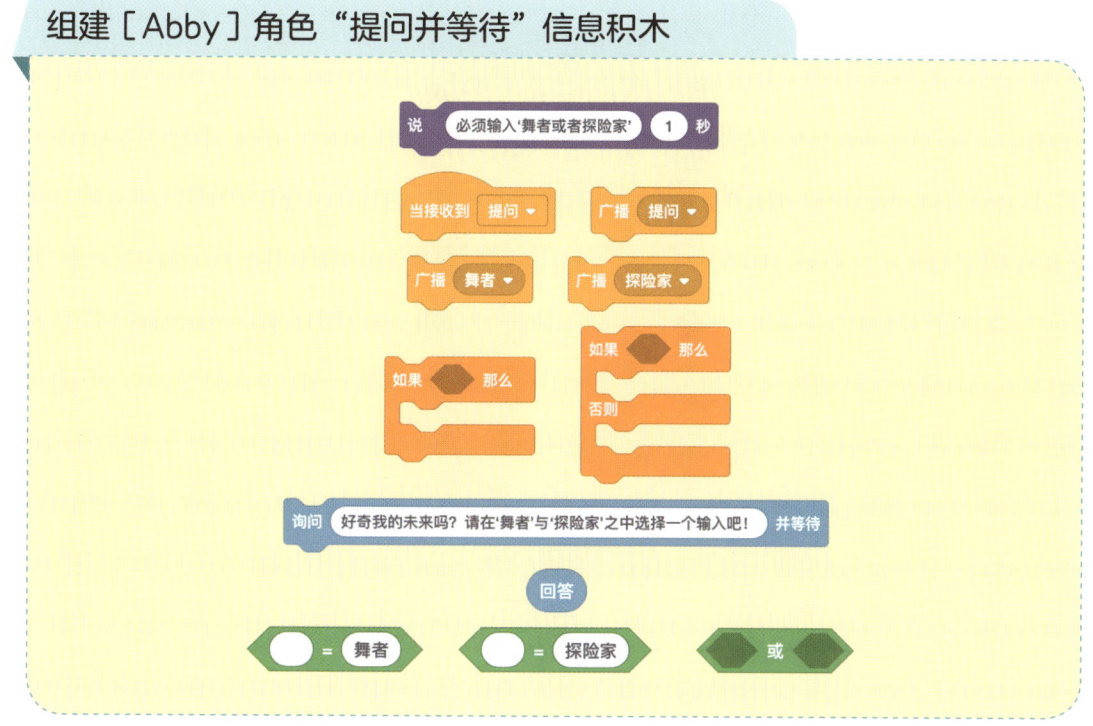

# 第 4 章
# 制作游戏

# 制作游戏

我使用 Scratch 编写了故事！

既然你已经学会了讲故事，那么就去楼上的游戏中心看看吧。你会学到更有趣的东西的。

猫咪又去哪儿了？

他好像先走了，我们也快点去吧！

你们好，孩子们。是来玩游戏的吗？我是游戏中心的冠军！

Biu！Biu！Biu！Biu！

你好！我们来学习用 Scratch 制作游戏。

你怎么能先走呢？

不好意思。都怪游戏太好玩了。

原来你们想用 Scratch 做游戏呀！如果灵活运用目前学习的内容，制作游戏很简单。

我的梦想就是做一名游戏开发者。哇，好兴奋！

第 **16** 天    # 剪刀石头布

### 学什么？

- 了解生成随机数
- 使用剪刀石头布决定胜负
- 使用变量与发送信号控制游戏的流程

## 提前预览作品

制作剪刀石头布游戏。剪刀石头布是在石头、剪刀与布 3 种角色中随机选择一个以决定胜负的简单游戏。

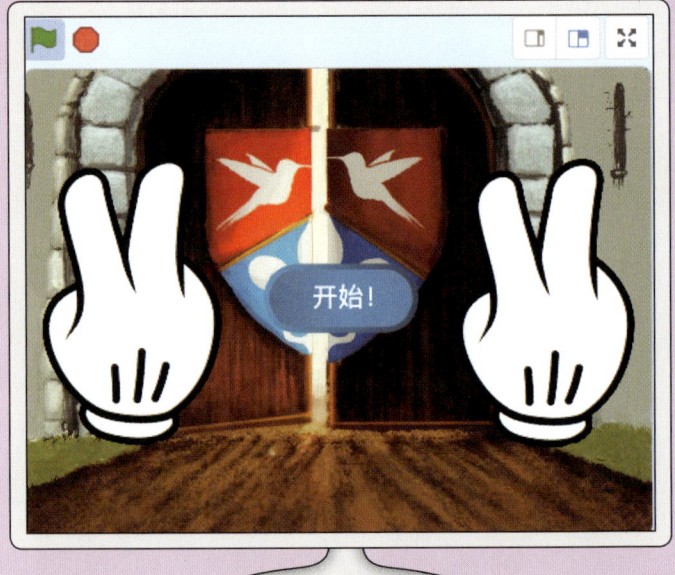

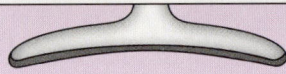

## 了解角色/背景与积木

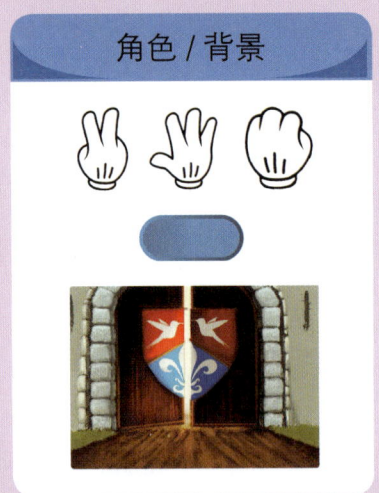

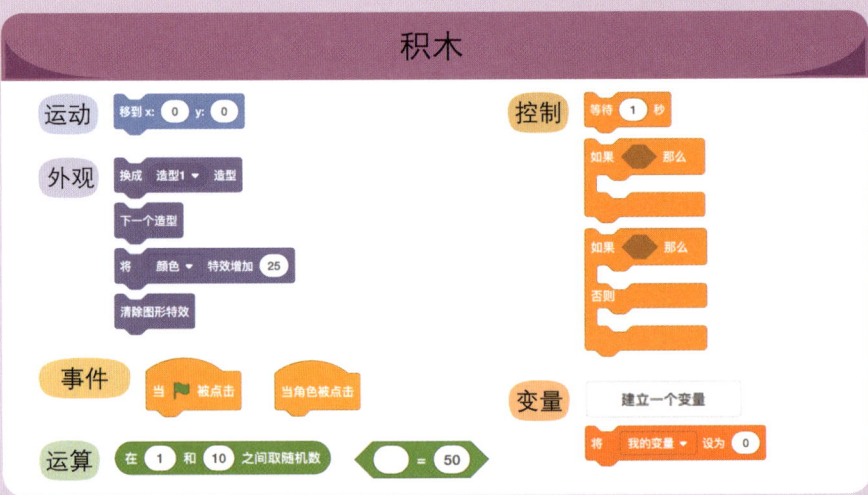

**跟我来编程**

## 1 开始

❶ 在菜单内选择［文件→新建］。

❷ 进入新建界面。

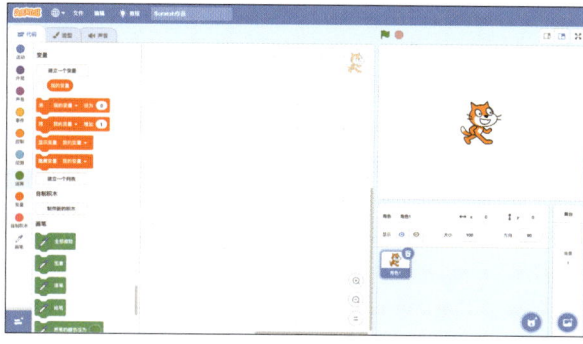

## 2 添加角色

❶ 在角色目录下的［选择角色］菜单内点击［上传角色］。

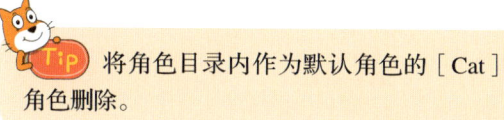
将角色目录内作为默认角色的［Cat］角色删除。

❷ 出现［打开］弹窗后，选择下载的例题文件中的剪刀图像并上传。

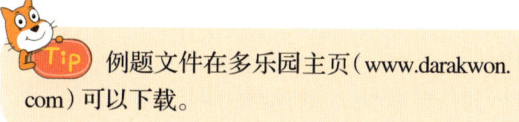
例题文件在多乐园主页（www.darakwon.com）可以下载。

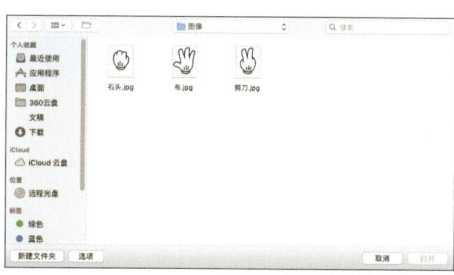

❸ 选择角色目录下存储的［剪刀］角色后，移动至［造型］标签页下的造型编辑窗口。

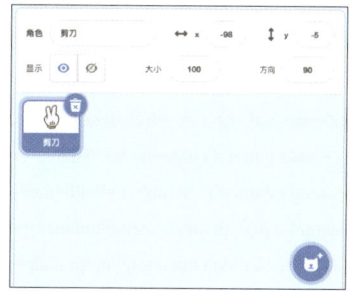

❹ 在［造型］标签页下的［选择一个造型］菜单内点击［上传造型］后，上传剪刀与布的造型。

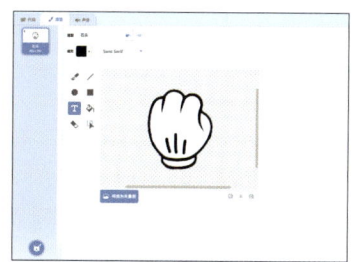

## 3 ▶ 准备其他角色

① 在［剪刀］角色上点击鼠标右键，选择［复制］菜单。

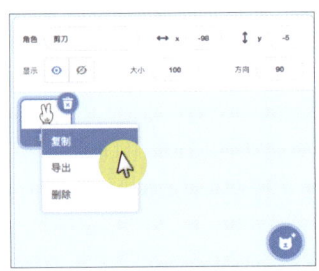

② 选择角色目录内复制的［剪刀］角色后，在［造型］标签页中的造型编辑窗内点击［左右翻转］菜单。并运用至［石头］、［布］角色内。

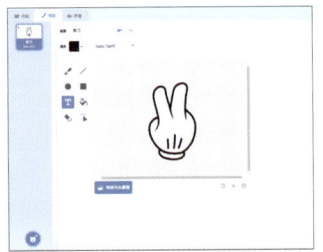

③ 在角色目录下的［选择角色］菜单内点击［选择角色］键，调出［Button2］，在［造型］标签页的造型编辑窗口内点击［测试］菜单，添加"开始！"与"结束！"。

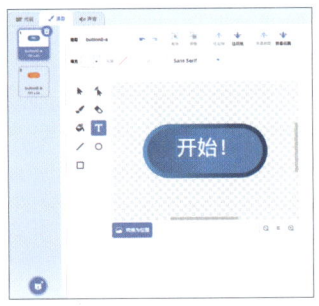

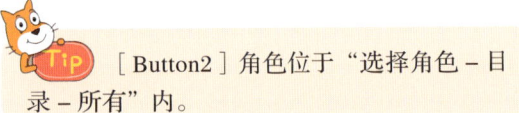
Tip ［Button2］角色位于"选择角色–目录–所有"内。

## 4 ▶ 添加背景

① 点击舞台目录下［选择背景］菜单内的［选择背景］键。

② 选择背景选择页面内的［Castle1］。

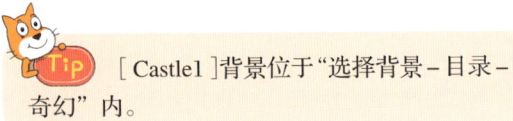
Tip ［Castle1］背景位于"选择背景–目录–奇幻"内。

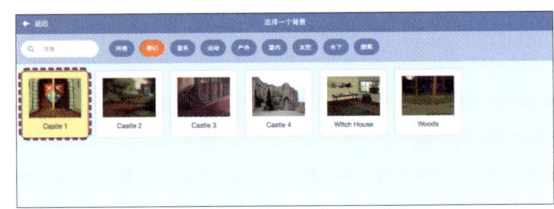

## 5 建立一个变量

❶ 点击变量积木中的［建立一个变量］。

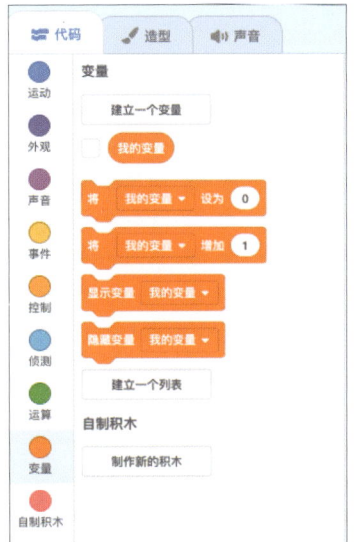

❷ 弹出［新变量］窗口时，在变量名称内输入
"状态"，点击［确认］键，添加状态变量。

❸ 在变量积木的［建立一个变量］下生成 状态
变量。

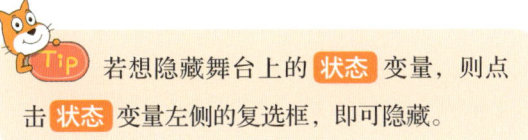

若想隐藏舞台上的 状态 变量，则点
击 状态 变量左侧的复选框，即可隐藏。

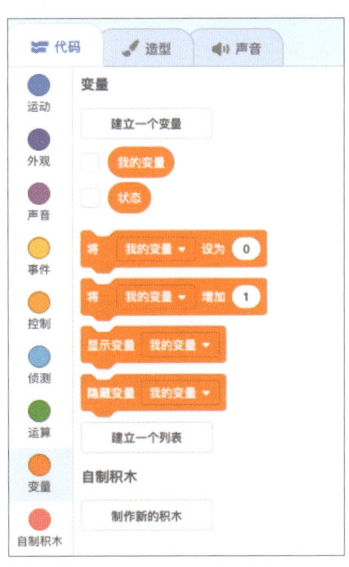

❹ 将变量积木中的" 状态 "积木与" 将状态
▼设定为 0 "积木拖曳至脚本区。

❺ 在" 将状态▼设定为 0 "积木的输入数值内放
入"开始"与"结束"并组成 2 个积木。

## 6 ▸ 组建［Button2］角色积木

❶ 组建点击舞台左上方的绿色小旗 🚩，则初始化
［Button2］的初始位置、初始造型以及 状态 变量中名
为"开始"的数值的积木。

❷ 使用事件积木中的" 当角色被点击 "积木，组
建点击［Button2］角色就可以开始或结束游戏的积木。

❸ 如果 状态 变量为"开始"或者"结束"，则设
定变量的值为"开始"，否则将变量的值设定为"结束"。

## 7 ▸ 组建［剪刀］角色积木

❶ 将事件积木中的" 当 🚩 被点击 "积木拖曳至脚
本区，设定［剪刀］角色的初始位置与初始造型。

 ［剪刀］角色有"剪刀、石头、布"3
种外观，因此使用运算积木中的" 在1和3
之间取随机数 "积木。

❷ 将事件积木中的" 当 🚩 被点击 "积木拖曳至
脚本区，编写当" 状态 "变量的数值设置为"开始"
或"结束"时即发生约定好的事件的程序。

· 如果是"开始"，则［剪刀］角色的造
型每过 0.1 秒变化一次，需要表现出正在考虑下
一个出什么。
· 如果是"结束"，则［剪刀］角色的造
型显示为随机决定， 状态 变量的数值更改为
"开始"，游戏恢复初始状态。

## 8 ▶ 组建［剪刀2］角色积木

❶ 像之前组建的［剪刀］角色积木一样，将事件积木中的"当█被点击"积木拖曳至脚本区，并设置［剪刀2］角色的初始位置与初始造型。

❷ 将事件积木中的"当█被点击"积木拖曳至脚本区，并将 状态 变量中的数值设置为若出现"开始"或"结束"时，则发生约定的事件。

使用"将颜色 ▼ 特效增加～"积木，以用颜色区分［剪刀］与［剪刀2］角色。

## 9 ▶ 测试并完成

❶ 点击舞台左上方的绿色小旗 ▶，运行剪刀石头布游戏。

❷ 点击"开始！"按钮，则左侧与右侧的剪刀石头布角色随机更改造型。

❸ 再次点击"开始！"按钮，则其字样变为"结束！"，两侧的剪刀石头布角色停止运动，游戏分出胜负。

## 查看所有代码

以下是已完成的 Scratch 积木。点击舞台左上方的绿色小旗 ▶ 运行程序。点击舞台中央的"开始!"按钮开始剪刀石头布游戏。再次点击"开始!"按钮,则左右两侧的角色随机定为剪刀石头布中的随机造型,决定胜负。

让我们一起来看一看程序内使用的所有积木组合吧。

### 组建 [Button2] 角色的积木

### 组建 [剪刀] 角色的积木

### 组建 [剪刀 2] 角色的积木

# 保存

使用 Scratch 的 [文件] 菜单，保存自己创作的作品。

请将作品命名为 [16. 剪刀石头布 .sb3]。

### 1. 存储至本地

选择 [文件→保存到电脑]，存储至计算机本地。

### 2. 存储至主页

选择在线编辑器菜单中的 [文件→立即保存]，存储至 Scratch 主页。

## 决定胜负

在控制积木中的"重复执行"积木内，可以组建跟随"状态"变量的值而划分条件决定游戏胜负的积木。在这里，"划分条件"的意思是，依据游戏的开始与结束这两种分支条件决定应该走哪一条路。因此使用控制积木中的"如果，那么"积木，可以构建包含游戏开始状态与结束状态情况的积木。

这代表实际编程代码中的 if-else，switch 等语言。

# 挑战习题

正确答案：第186—187页 ▶▶▶

让我们来制作掷骰子游戏吧。剪刀石头布只有 3 种角色，而骰子有 6 种角色。

**问题**

如何使用例题文件中的［骰子 −1］、［骰子 −6］角色，制作掷骰子游戏呢？

**提示**

请参考以下积木进行编程。

# 你出题我作答

## 学什么?

- 出题目
- 使用变量表示游戏的点数,判断游戏是否终止
- 使用变量区分游戏的难易度,并组建其他形式的问题

## 提前预览作品

一起与朋友玩加减问答游戏吧。制定基础分数为5分,每答对1题增加1分,答错1题减少1分。如果分数变为0分则游戏终止。

## 了解角色/背景与积木

| 角色 / 背景 |
|---|

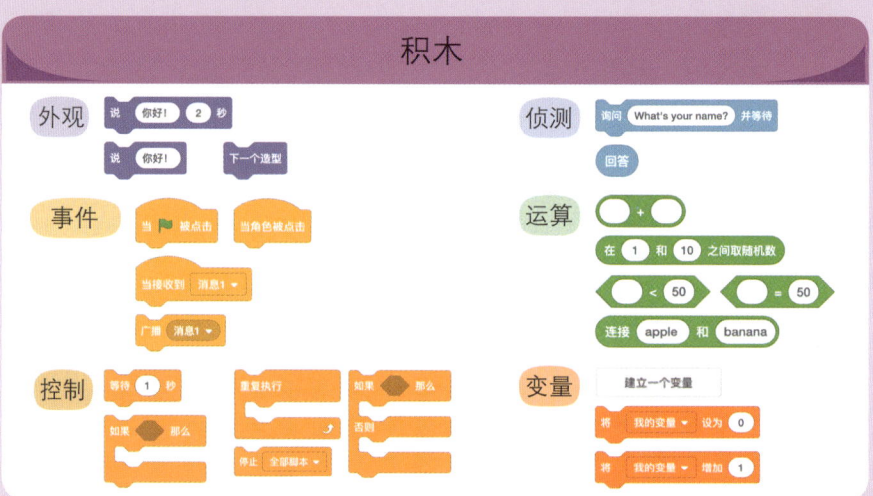

| 积木 |
|---|

# 跟我来编程

## 1 开始

❶ 在菜单内选择［文件→新建］。

❷ 进入新建界面。

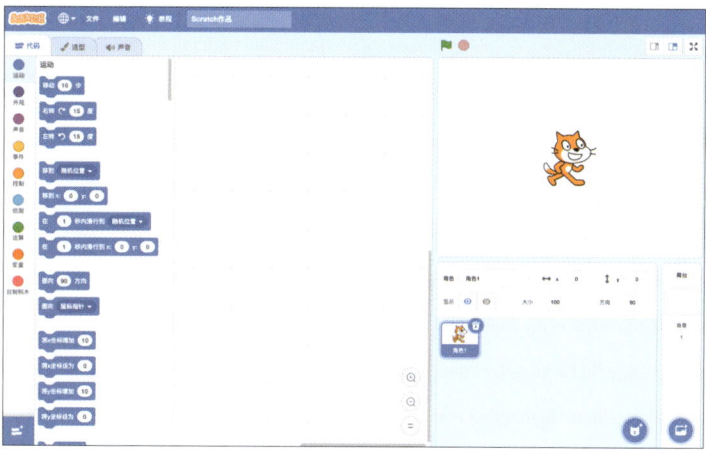

## 2 添加角色

❶ 在角色目录下［选择角色］菜单内点击［选择一个角色］。

> Tip 删除角色目录下作为默认角色的［Cat］角色。

❷ 在角色选择页面选择［Dee］与［Devin］。

> Tip ［Dee］与［Devin］角色位于"选择角色－目录－人物"内。

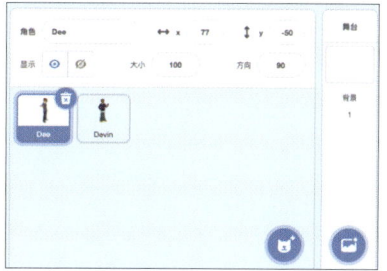

## 3 添加背景

❶ 点击舞台目录下［选择背景］菜单内的［选择一个背景］。

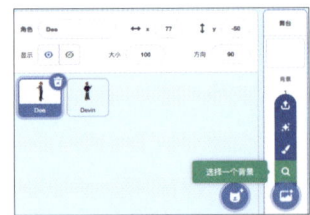

❷ 在背景选择页面选择［Chalkboard］。

［Chalkboard］背景位于"选择背景 – 目录 – 室内"内。

## 4 建立一个变量

❶ 点击变量积木内的［建立一个变量］，则弹出［新建变量］窗口。

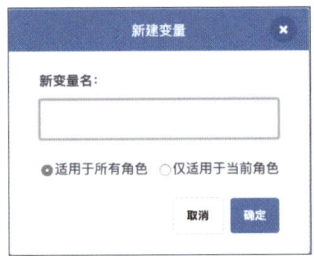

❷ 在变量名称内输入"分数"，点击［确认］按钮添加"**分数**"变量。使用相同方法添加"**左边**"与"**右边**"变量。

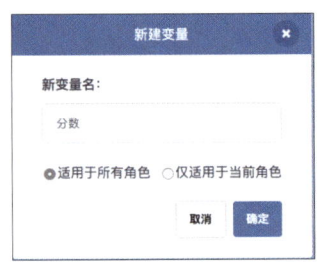

❸ 点击"**分数**"变量旁的复选框，则"**分数**"变量在舞台上显示。

## 5 ▶ 制造广播信息

❶ 将事件积木中的"当接收到消息1▼""广播消息1▼"拖曳至脚本区。

❷ 点击各积木中的"▼"，在弹出的选择框内选择［新消息］。

❸ 弹出［新消息］窗口，在新消息的名称内输入"正确答案"，点击［确认］键，则"当接收到正确答案▼""广播正确答案▼"积木组建完成。

❹ 使用以上方法组建未答对时"广播错误答案▼"的积木。

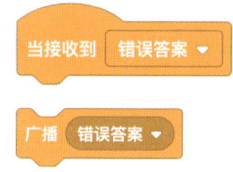

❺ 使用以上方法组建游戏结束时"广播游戏结束▼"的积木。

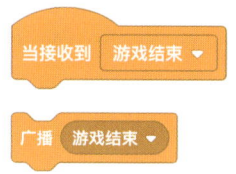

## 6 组建［Dee］角色的初始化积木

❶ 将事件积木中的"当▶被点击"积木、变量积木中的"将分数 ▼ 设为 0"积木、控制积木中的"重复执行"积木相连接。

> Tip "将分数 ▼ 设为 0"积木中的数值设置为 5。

❷ 在"重复执行"积木内，放入控制积木中的"等待 1 秒"积木与外观积木中的"下一个造型"积木，使得［Dee］角色的造型不停改变。

> Tip 将"等待 1 秒"积木中的数值设置为 0.5。

## 7 组建出题积木

❶ 将事件积木中的"当▶被点击"积木与控制积木中的"重复执行"积木拖曳至脚本区并连接。

❷ 在"重复执行"积木中，放入变量积木中的"将~▼设为~"积木与运算积木中的"在 1 和 10 之间取随机数"积木，以便生成制作加减算式的数字。

> Tip 将"在 1 和 10 之间取随机数"积木中的数值设置为"1~9"。

❸ 将侦测积木中的"询问 ~ 并等待"积木与运算积木中的"连接 ~ 和连接 ~"积木相连接，并在录入数值内输入"左侧""右侧"变量，组建问题。

❹ 判断用户的回答与"左侧""右侧"变量的加减结果是否相同，并播放"正确答案▼"或者"错误答案▼"。

## 8 ▶ 组建声音播放处理积木

① 回答正确时显示"回答正确。",并在"**分数**"变量内增加 1。

② 回答错误时显示"很可惜,回答错误。",并在"**分数**"变量内减少 1。

③ 如果"**分数**"变量的值比 1 小时,则广播"游戏结束"信息,结束答题游戏。

添加"**停止全部脚本**"积木,广播"游戏结束"信息后停止脚本运行。

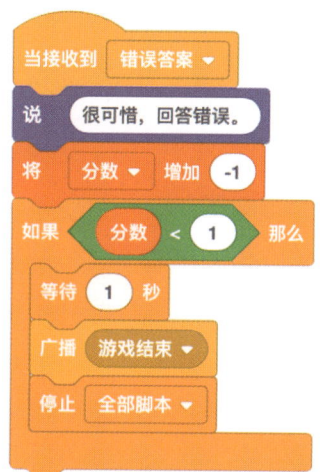

④ 游戏终止时显示"游戏结束!"。

## 9 ▶ 测试并完成

① 点击舞台左上方的绿色小旗 🚩,运行程序。

② 回答随机组建的加减法算式。

③ 判断答案正误,分数 0 以下时终止游戏。

# 查看所有代码

以下是已完成的 Scratch 积木。点击舞台左上方的绿色小旗 ▶ 运行程序。使用 1—9 之间的数进行加减算式出题。针对回答正确和回答错误的情况设定分数，如果分数为 0，则游戏终止。

请查看程序内使用的所有积木。

## 组建［Dee］角色的积木

当 ▶ 被点击
将 分数 ▾ 设为 5
重复执行
　等待 0.5 秒
　下一个造型

当接收到 正确答案 ▾
说 回答正确。
将 分数 ▾ 增加 1

当接收到 错误答案 ▾
说 很可惜，回答错误。
将 分数 ▾ 增加 -1
如果 分数 < 1 那么
　等待 1 秒
　广播 游戏结束 ▾
　停止 全部脚本 ▾

当 ▶ 被点击
重复执行
　将 左侧 ▾ 设为 在 1 和 9 之间取随机数
　将 右侧 ▾ 设为 在 1 和 9 之间取随机数
　询问 连接 问题： 和 连接 左侧 和 连接 + 和 右侧 并等待
　如果 回答 = 左侧 + 右侧 那么
　　广播 正确答案 ▾
　否则
　　广播 错误答案 ▾
　等待 1 秒

当接收到 游戏结束 ▾
说 游戏结束！ 2 秒

# 保存

使用 Scratch 的［文件］菜单，保存自己创作的作品。

请将作品命名为［17. 你出题我作答 .sb3］。

### 1. 存储至本地
选择［文件→保存到电脑］，存储至计算机本地。

### 2. 存储至主页
选择在线编辑器菜单中的［文件→立即保存］，存储至 Scratch 主页。

# 一眼看透编码原理

## 编写题目

使用运算积木中的"连接~和~"积木编写题目。使用 1 个积木可以连接 2 个单词,为连接 4 个单词,就必须将 3 个积木连接才能使用。

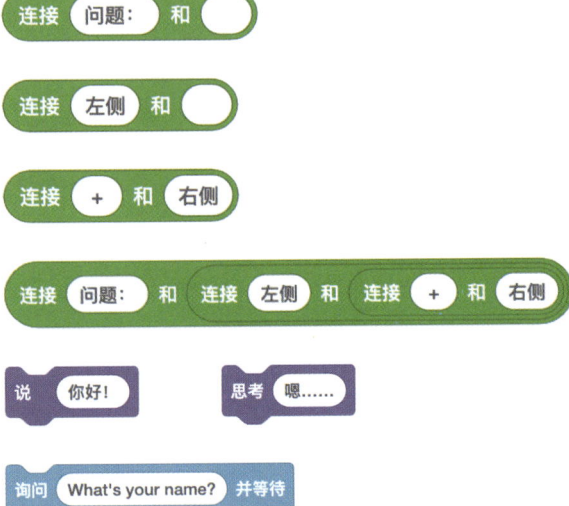

· 将问题与相关变量组建成积木,可以制作多种多样的问题。

· 将外观积木的"说~"、"思考~"、侦测积木的"询问~并等待"等积木相连接并使用。

## 制定游戏分数

制作存储游戏分数的变量。将随着游戏规则改变而变化的分数存储为变量的值。

使用控制积木与运算积木判断分数,以此调整游戏的结果、游戏的终止与否或难易度。

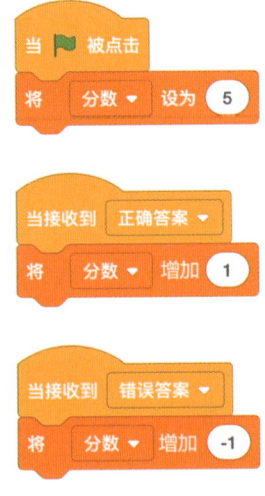

# 挑战习题

正确答案：第188—189页 ▶▶▶

1—9 之间的加减法运算是不是太简单了呢？那么我们来做一做 1—9 之间的乘除法吧。

试着编写乘法题目，使得〔分数〕变量的值大于 9。

提示

请参考以下积木编写程序。

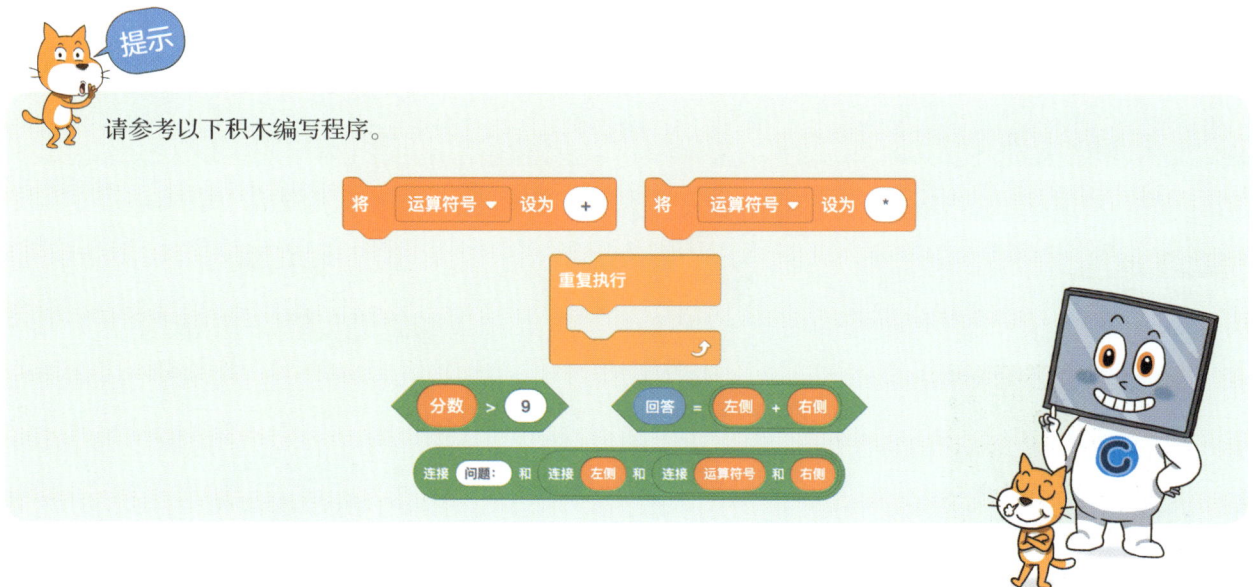

# 第18天

# 走出迷宫

## 学什么?

- 编写侦测角色是否接触过特定颜色的程序
- 编写侦测角色是否接触过特定角色的程序
- 使用计时器测定游戏时间

## 提前预览作品

宇宙飞船是否能走出复杂的迷宫找到金色的星星呢?使用键盘上的方向键移动宇宙飞船,走出迷宫吧!

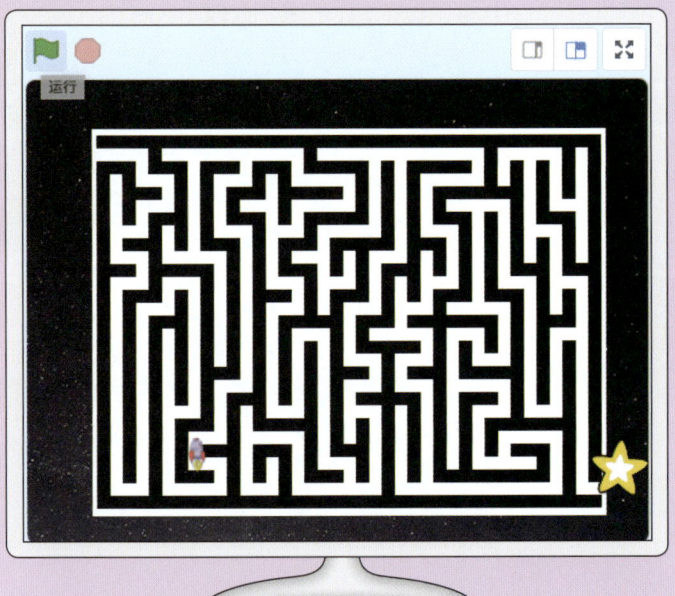

# 了解角色/背景与积木

| 角色 / 背景 | 积木 |
|---|---|

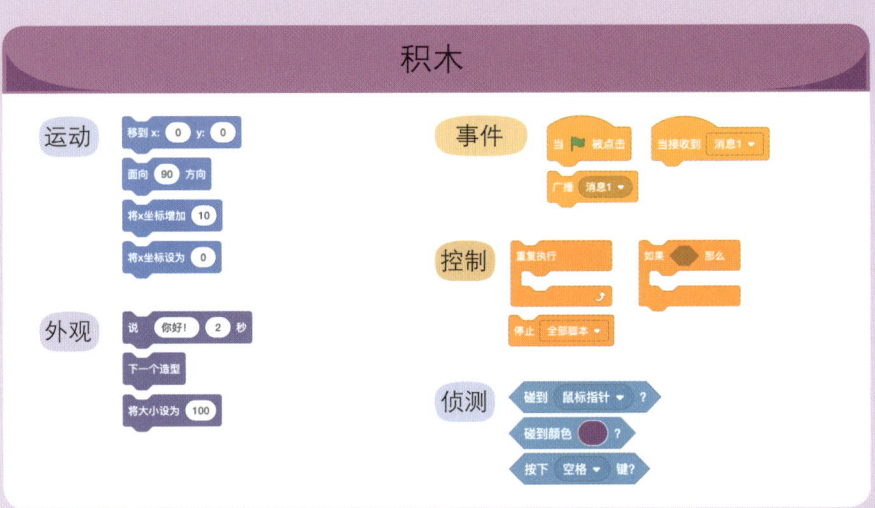

# 跟我来编程

请按照以下步骤编写程序。 ▶ ▶ ▶

## 1 开始

① 在菜单内选择［文件→新建］。

② 进入新建界面。

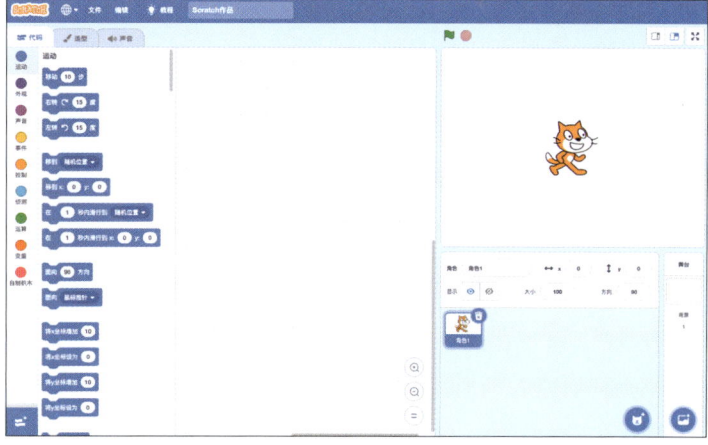

## 2 添加角色

① 点击角色目录下［选择角色］菜单内的［选择一个角色］键。

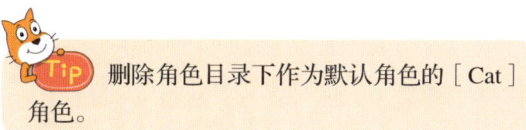 删除角色目录下作为默认角色的［Cat］角色。

② 在角色选择页面选择［Rocketship］与［Star］。

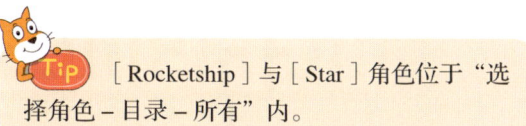［Rocketship］与［Star］角色位于"选择角色－目录－所有"内。

③ 点击角色目录下［选择角色］菜单内的［上传角色］，选择例题文件夹中的［迷宫］并上传。

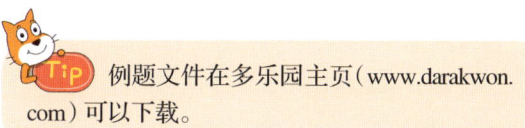 例题文件在多乐园主页（www.darakwon.com）可以下载。

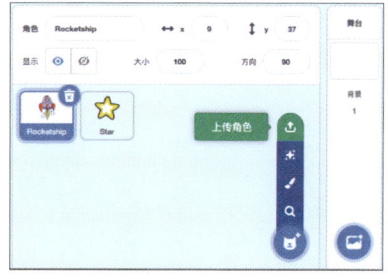

### 3 ▶ 添加背景

① 点击舞台目录下［选择背景］菜单中的［选择一个背景］键。

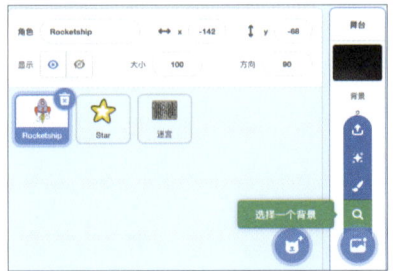

② 在背景选择页面选择［Stars］。

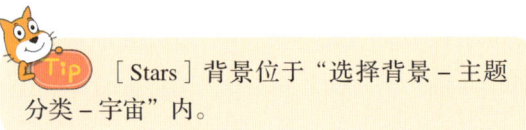

Tip ［Stars］背景位于"选择背景 – 主题分类 – 宇宙"内。

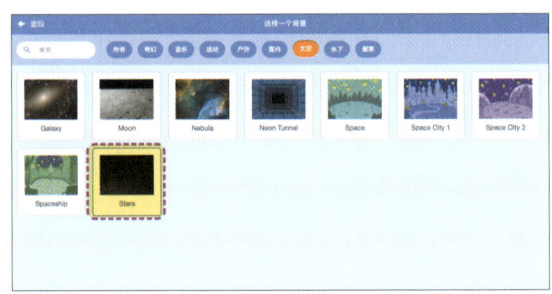

### 4 ▶ 组建舞台

① 使用鼠标拖曳舞台上的［Rocketship］与［Star］角色，以设定位置。

② 将［Rocketship］角色固定在迷宫下方，并将出口处的［Star］角色设置为闪闪发光的样子。

Tip 仅为［Rocketship］角色配置积木。

### 5 ▶ 制作广播信息

① 将事件积木中的"当接收到消息1▼"与"广播消息1▼"积木拖曳至脚本区。

❷ 组建按下键盘上的上方向键，则播放"向上箭头"信息的积木。

❸ 组建按下键盘上的下方向键，则播放"向下箭头"信息的积木。

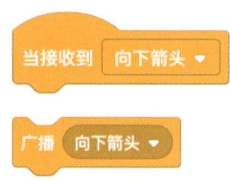

❹ 组建按下键盘上的左方向键，则播放"向左箭头"信息的积木。

❺ 组建按下键盘上的右方向键，则播放"向右箭头"信息的积木。

**6** 组建〔Rocketship〕角色的初始化积木

❶ 将事件积木中的"当▶被点击"、外观积木中的"将大小设为~"、运动积木中的"面向 90 方向"、运动积木中的"移到 x: 0 y: 0"积木拖曳至脚本区并连接。

将〔Rocketship〕角色的大小设置为 15%，方向设置为"90 度"，出发位置设定为"x: –109, y: –112"。

### 7 ▷ 组建键盘事件积木

❶ 将事件积木中的"当▶被点击"、控制积木中的"重复执行"、"如果''，那么"积木相连接，组建为键盘事件积木。

❷ 组建按下键盘上方向键则调出侦测积木中的"按下~▼键?"与事件积木中的"广播~"积木的程序。

❸ 为了判断最终［Rocketship］角色是否碰触到迷宫出口的［Star］角色，连接外观积木中的"说~秒"与控制积木中的"停止~"，如果［Rocketship］角色碰触到了［Star］角色，则显示"成功！"并终止游戏。

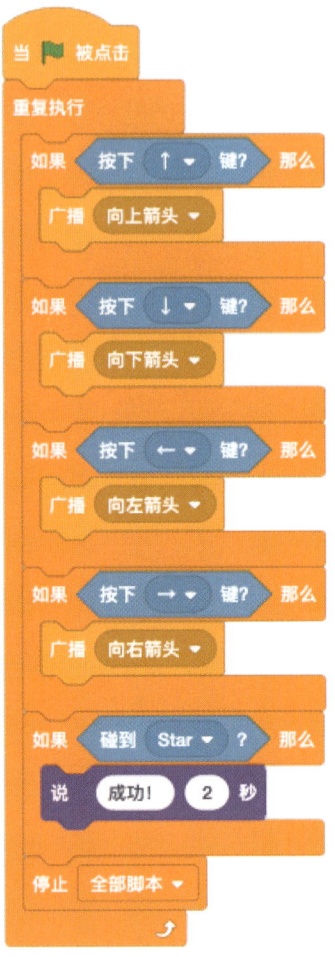

### 8 ▷ 组建［Rocketship］角色信息播放处理积木

❶ 如果收到"上方向键"信息，则将方向设定为向上"90 度"，向 y 轴正方向移动 4。如果［Rocketship］角色碰触到白色的迷宫墙壁，则返回碰触前的位置。

·将［Rocketship］角色的默认方向为"90 度"，则将上方设置为"90 度"、下方设置为"−90 度"、左侧设置为"0 度"、右侧设置为"180 度"。
·如果想在"碰到颜色~?"积木更改颜色，则在积木的颜色区点击鼠标左键后选择舞台上的迷宫即可。

❷ 如果收到“下方向键”信息，则将方向设定为向下“-90 度”，向 y 轴负方向移动 4。

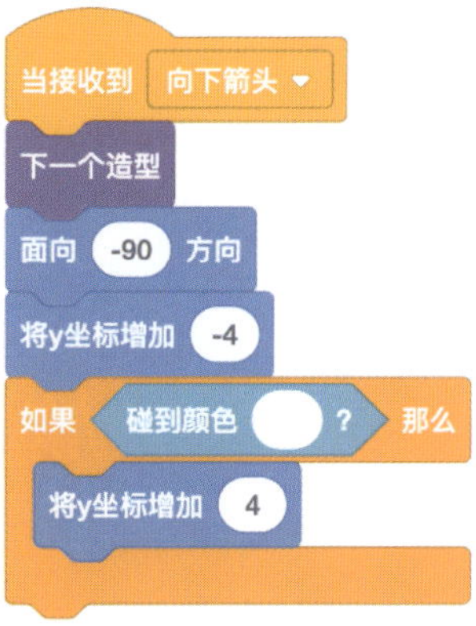


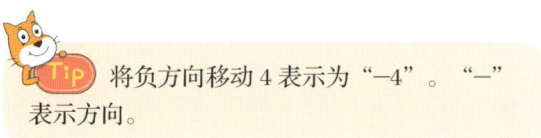

Tip 将负方向移动 4 表示为“–4”。“–”表示方向。

❸ 如果收到“左方向键”信息，则将方向设定为向左“0 度”，向 x 轴负方向移动 4。

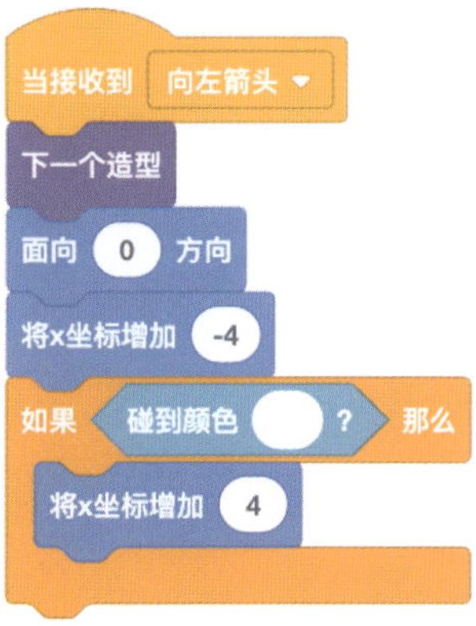


❹ 如果收到“右方向键”信息，则将方向设定为向左“180 度”，向 x 轴正方向移动 4。

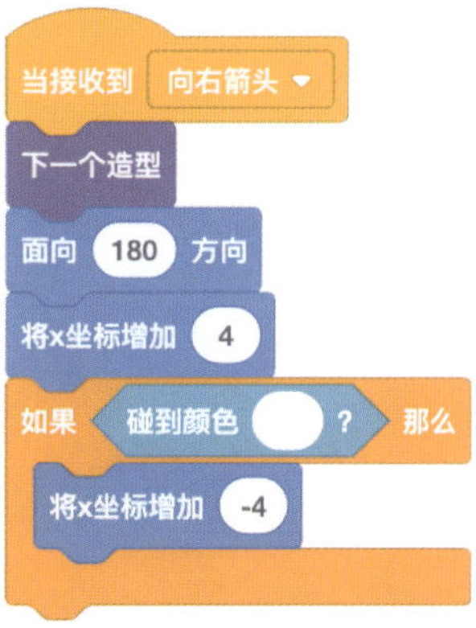


## 9 测试并完成

❶ 点击舞台左上方的绿色小旗，运行走出迷宫游戏。

❷ 使用键盘方向键带领宇宙飞船逃离迷宫。

❸ 如果宇宙飞船碰触到迷宫壁，则向反方向移动，游戏进度延迟。如果最后宇宙飞船碰触到了出口的金色星星，则脱逃成功。

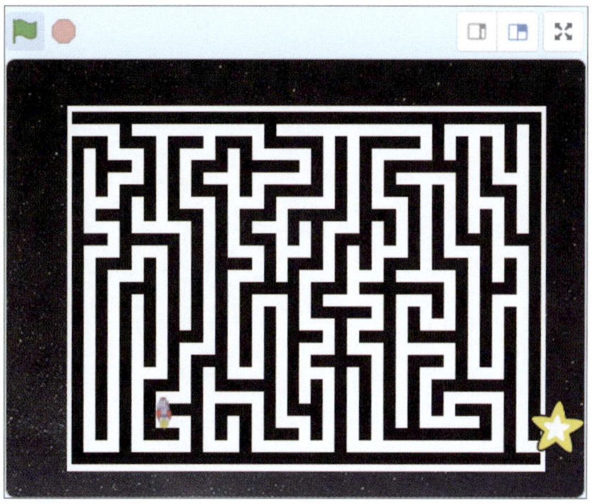

# 查看所有代码

以下是已完成的 Scratch 积木。点击舞台左上方的绿色小旗 🚩 并运行程序，使用键盘上的方向键移动宇宙飞船。避开迷宫墙，若宇宙飞船碰触到金色星星，则迷宫脱逃成功。

让我们来看一看在程序中使用的所有积木吧。

## 组建［Rocketship］角色的积木

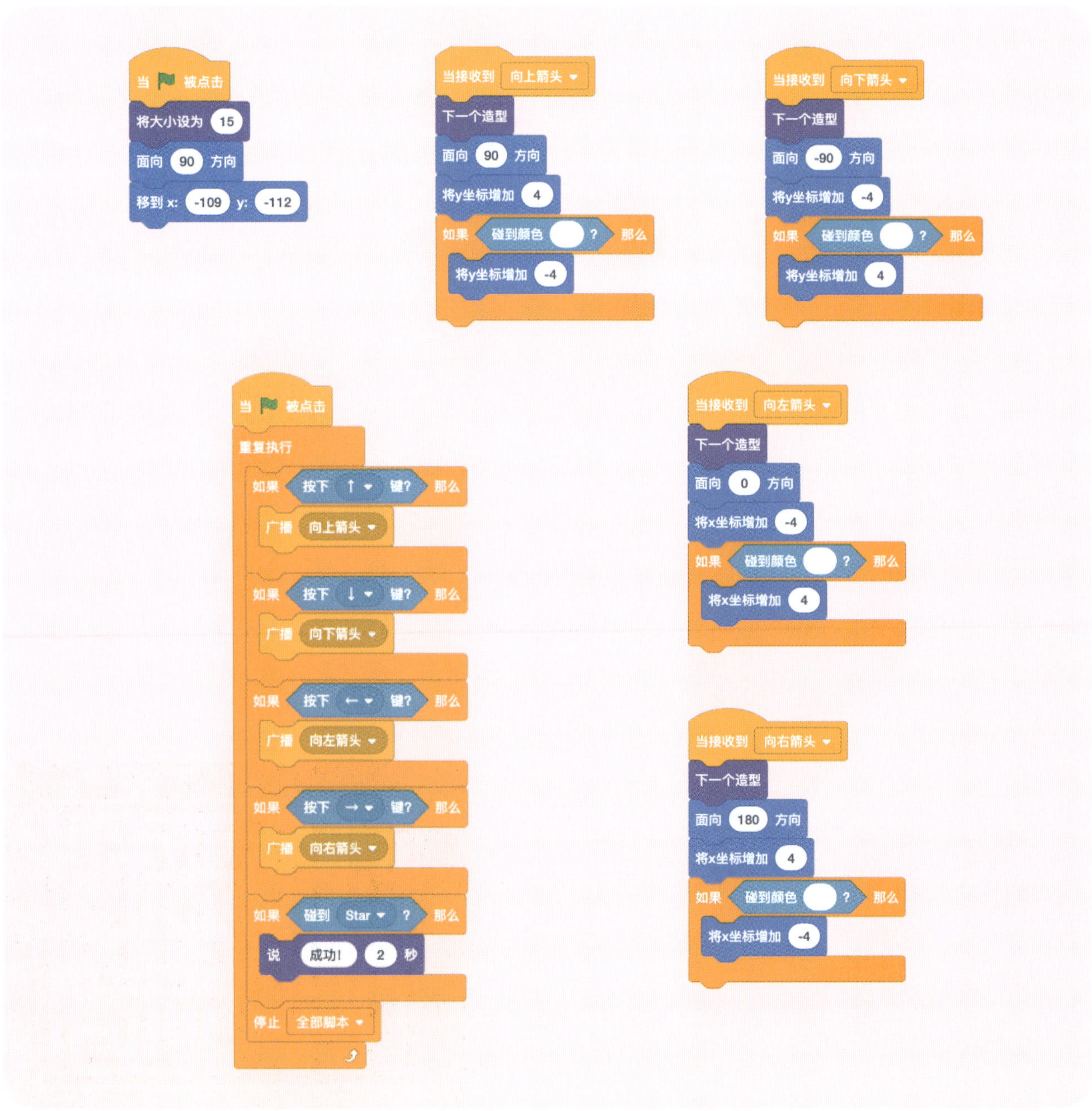

# 保存

使用 Scratch 的［文件］菜单，保存自己创作的作品。

请将作品命名为［18.走出迷宫.sb3］。

### 1. 存储至本地
选择［文件→保存到电脑］，存储至计算机本地。

### 2. 存储至主页
选择在线编辑器菜单中的［文件→立即保存］，存储至 Scratch 主页。

# 一眼看透编码原理

## 碰撞

"有两台小车相撞了！很危险！"

如同以上画面，移动中的两个物体若相接触并在短时间内互相受力，这种行为就被称为"碰撞"。

## 侦测是否碰撞到特定角色

侦测积木中"碰到～?"积木的含义是：碰触到指定角色时，传送运行角色动作的信号。举例来说，在之前编写的程序中，[Rocketship] 角色碰触到 [Star] 角色时传送信号，则运行组建 [Rocketship] 角色的积木组合。

## 侦测是否碰触到特定颜色

侦测积木中"碰到～?"积木的含义是：碰触到指定角色时，传送运行角色动作的信号。举例来说，在之前编写的程序中，[Rocketship] 角色在走迷宫时碰触到白色的迷宫墙壁时传送信号，则运行组建 [Rocketship] 角色的积木组合。

# 挑战习题

正确答案：第190—191页 ▶▶▶

比起一个人独自玩游戏，肯定是和朋友一起玩游戏才更有趣。

请编写记录逃脱迷宫时间的程序。

请参照以下积木编写程序。

# 布谷鸟时钟

## 学什么?

- 同时出现多个角色时,制定顺序
- 灵活运用时间信息
- 编写以时钟的时针、分针、秒针为中心的旋转运动程序

## 提前预览作品

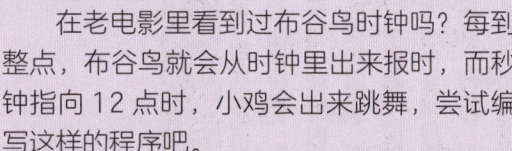

在老电影里看到过布谷鸟时钟吗?每到整点,布谷鸟就会从时钟里出来报时,而秒钟指向 12 点时,小鸡会出来跳舞,尝试编写这样的程序吧。

## 了解角色/背景与积木

| 角色 / 背景 | 积木 |
|---|---|

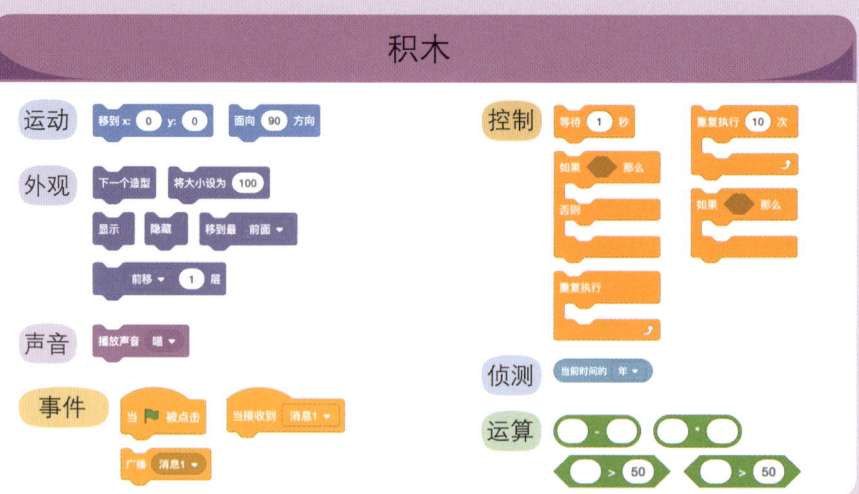

## 跟我来编程

请按照以下步骤编写程序。 ▶▶▶

### 1　开始

❶ 在菜单内选择［文件→新建］。

❷ 进入新建界面。

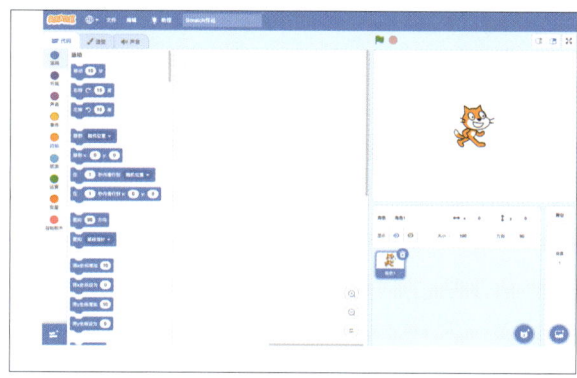

### 2　添加角色

❶ 点击角色目录下［选择角色］菜单内的［选择一个角色］键。

 删除作为角色目录中默认角色的［Cat］角色。

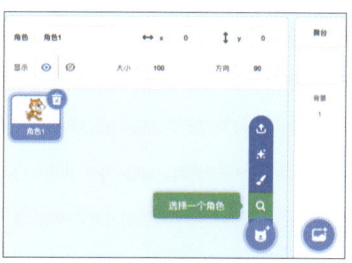

❷ 在角色选择页面选择［Rooster］。

 ［Rooster］角色位于"选择角色−目录−动物"内。

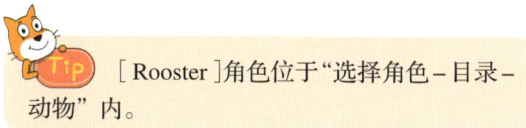

❸ 选择角色目录下［选择角色］菜单内的［上传角色］。

❹ 弹出［打开］窗口，在下载的例题文件内选择并上传［时钟］、［时针］、［分针］、［秒针］文件。

 例题文件在多乐园主页（www.darakwon.com）可以下载。

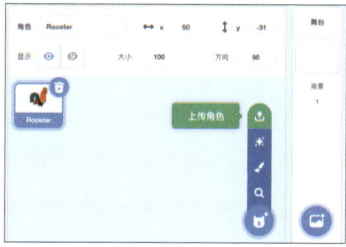

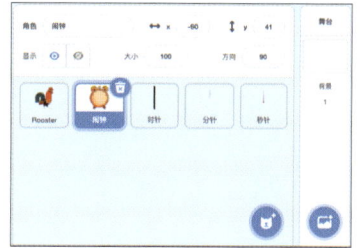

## 3 添加背景

① 点击舞台目录下［选择背景］菜单内的［选择一个背景］。

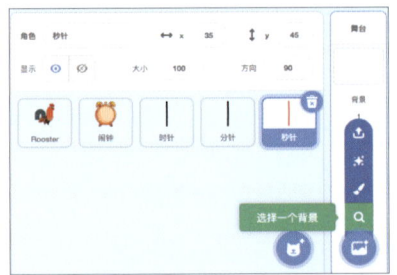

② 在背景选择页面选择［Bedroom 1］。

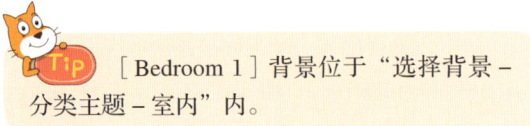

［Bedroom 1］背景位于"选择背景 – 分类主题 – 室内"内。

## 4 组建舞台

① 鼠标拖曳舞台上的［Rooster］、［时钟］、［时针］、［分针］、［秒针］角色并设定位置。

② 点击［时针］角色后，选择侦测积木内"当前时间的"积木中的"时"，并拖曳至脚本区。

点击"当前时间的"积木左侧的复选框，使其在舞台上显示。

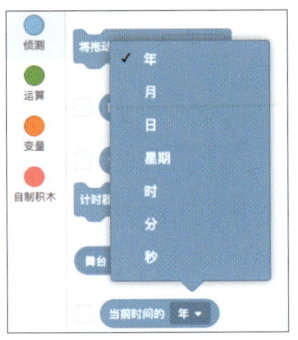

③ 用同样的方法点击［分针］、［秒针］角色后，选择侦测积木内"当前时间的"积木中的"分"与"秒"组建积木。

## 5 制作广播信息

❶ 将事件积木中的"当接收到消息1▼""广播消息1▼"积木拖曳至脚本区。

❷ 添加初始化后告知时间的"时刻"、表示时刻的"几点"以及告知指定时刻的"布谷鸟"信息，组建积木。

## 6 组建［时钟］角色的初始化积木

❶ 将事件积木中的"当▶被点击"、外观积木中的"~移▼~层"、运动积木中的"移到x: 0 y: 0"以及事件积木中的"广播消息1▼"积木拖曳至脚本区。

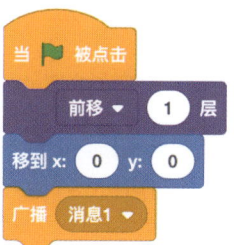

Tip

· 当［时钟］、［时针］、［分针］、［秒针］角色重合时，将外观积木中的"后移▼~层"积木的输入值设定为5。
· 将［时钟］角色的位置设定为"x=-75，y=-30"。
· 在事件积木中的"广播消息1▼"积木下拉框中选择"开始"，显示现在的时刻。

## 7 现在时刻与发送提醒信号

❶ 将事件积木中的"当接收到开始▼"积木与控制积木中的"重复执行"积木相连接，以组建每秒广播"时刻"信息告知现在时间的积木。

❷ 如果现在秒的数值为 0，则广播"布谷鸟"信息进行提醒。

🐱Tip 如果设定好时、分、秒的单位，则可以在想要的时刻广播提醒。

```
当接收到 开始 ▼
重复执行
    广播 几点 ▼
    如果  当前时间的 秒 ▼ = 0  那么
        广播 布谷鸟 ▼
    等待 1 秒
```

## 8 告知现在时刻

❶ 选择［时针］角色后，根据"当接收到~"积木显示现在的小时数字。

🐱Tip 将［时钟］与［时针］角色造型的中心重合，在［时钟］角色上做旋转运动。

❷ 电脑上以 24 小时制显示时间，因此添加以 12 小时为单位转换的程序。

🐱Tip 如果现在的时间单位超过 12 点，则减去 12 表示。举例来说，13 点就是 1 点。另外，时钟上的时针每过 12 小时旋转 360 度，因此每过 1 小时旋转 30 度，所以旋转角度为当前小时数乘以 30。

```
当接收到 几点 ▼
将大小设为 80
移到 x: -60 y: -45
如果  当前时间的 时 ▼ > 12  那么
    面向  当前时间的 时 ▼ - 12 * 30  方向
否则
    面向  当前时间的 时 ▼ * 30  方向
```

❸［分针］角色根据"当接收到~"积木显示现在的分钟数字。

🐱Tip 将［时钟］与［分针］角色造型的中心重合，分针每 60 分钟旋转一圈，因此每过 1 分钟旋转 6 度。

```
当接收到 几分 ▼
移到 x: -85 y: -45
面向  当前时间的 分 ▼ * 6  方向
```

④〔秒针〕角色根据"当接收到~"积木显示现在的秒钟数字。

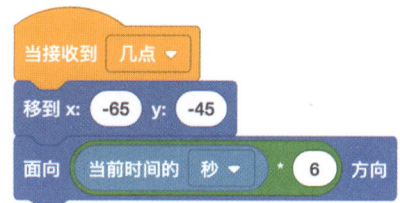

**Tip** 将〔时钟〕与〔秒针〕角色造型的中心重合，秒针每 60 秒钟旋转一圈，因此每过 1 秒钟旋转 6 度。

## 9 组建提醒积木

❶ 点击〔Rooster〕角色后，将事件积木中的"当 ▶ 被点击"、运动积木中的"移到 x: 0 y: 0"、外观积木中的"隐藏"积木拖曳至脚本区并连接，以使得当绿色小旗 ▶ 被点击〔Rooster〕角色隐藏起来。

❷ 每分钟收到〔布谷鸟〕信息时，显示〔Rooster〕角色，并播放声情并茂的提醒。

❸ 最后加入形态模块的 隐藏 积木，当闹铃结束后，〔Rooster〕角色就会重新被隐藏了。

## 10 测试并完成

❶ 点击舞台左上方的绿色小旗 ▶，显示现在的时刻。

❷ 每秒显示一次现在的时间，像真的时钟一般旋转指针。

❸ 每到秒钟的值为 0 时，则播放公鸡跳舞提醒。

# 查看所有代码

以下是已完成的 Scratch 积木。点击舞台左上方的绿色小旗 🚩，即可以时钟形式看到现在的时刻。另外，每到秒针走到 0 时，公鸡就会跳舞。

让我们来看一看在程序中使用的所有积木吧。

## 组建［时钟］角色的积木

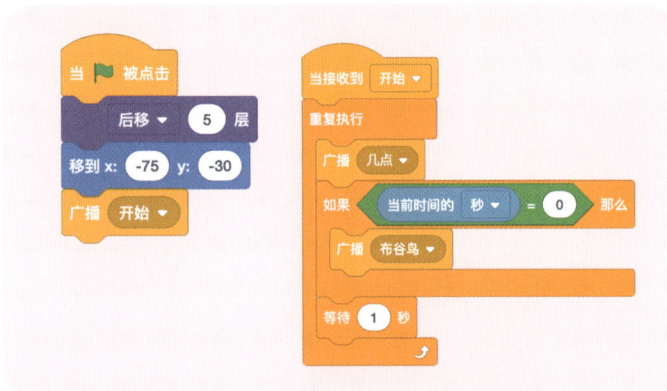

## 组建［分针］角色的积木

## 组建［时针］角色的积木

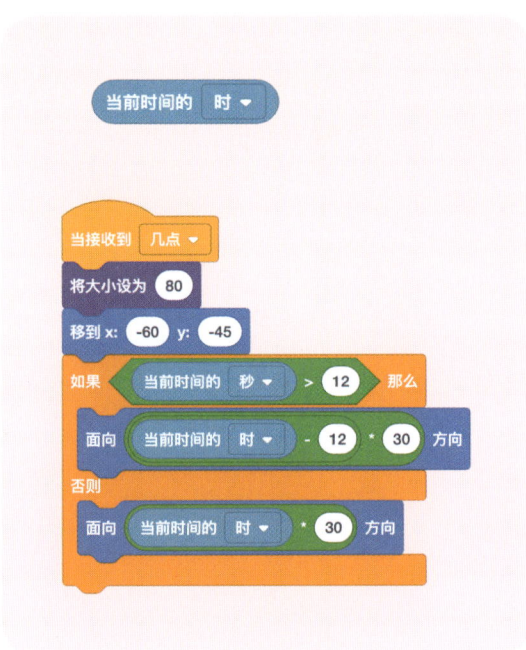

## 组建［秒针］角色的积木

## 组建［Rooster］角色的积木

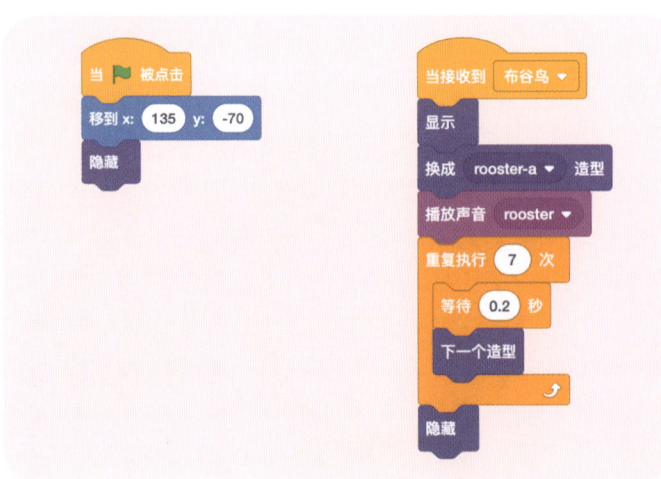

# 保存

使用 Scratch 的［文件］菜单，保存自己创作的作品。

请将作品命名为［19.布谷鸟时钟 .sb3］。

### 1. 存储至本地
选择［文件→保存到电脑］，存储至计算机本地。

### 2. 存储至主页
选择在线编辑器菜单中的［文件→立即保存］，存储至 Scratch 主页。

# 一眼看透编码原理

## Layer

Layer 即为"图层"，是计算机图形软件中的常用语。在 Scratch 的舞台上，如果多个角色重叠，则为了表示它们在空间上的相对位置，会使用图层（Layer）这个概念。举例来说，从透明的建筑顶层向下看，看到的每一层就是图层。每一层有一个角色，更改顺序就可以表示空间的位置。

> **Tip** 在舞台上，位于上层的角色等待位于下层的角色。使用外观积木中的 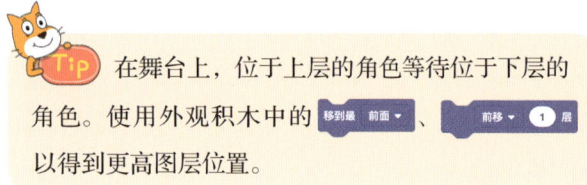 以得到更高图层位置。

## 灵活运用时间信息

通过侦测积木中的"当前时间的 ~ ▼"积木可以查看电脑中的时间信息。在"当前时间的 ~ ▼"积木的下拉框内可以选择年、月、日、星期、时、分、秒共 7 种输入值。灵活运用本积木，使时间的灵活展示成为可能。

# 挑战习题

让时针随着分针位置做出精确的位置改变。举例来说，如果现在时刻 4 点 30 分，则时针位于 4 点与 5 点之间。以此为参考，让时针走动得更精确吧。

 **问题**

灵活运用之前编写的程序，让时针走动得更精确吧。

**提示**

请参考以下积木编写程序。

# 第20天 计算身体质量指数

**学什么?**

- 运用计算 BMI 指数的数学公式
- 以条件形式决定区间数值
- 输入用户的体重与身高,计算身体质量指数

## 提前预览作品

我到底是瘦还是胖呢?可以用体重(kg)除以身高(m)的平方来计算自己的身体质量指数。身体质量指数又被称为 BMI(Body Mass Index)。让我们一起来计算身体质量指数吧!

## 了解角色/背景与积木

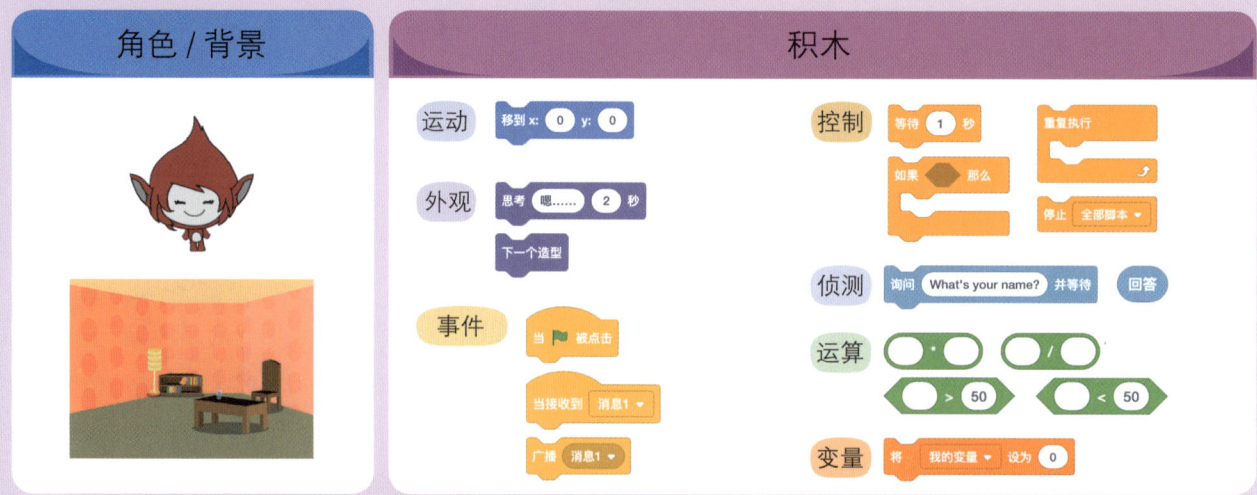

# 跟我来编程

## 1 开始

❶ 在菜单内选择［文件→新建］。

❷ 进入新建界面。

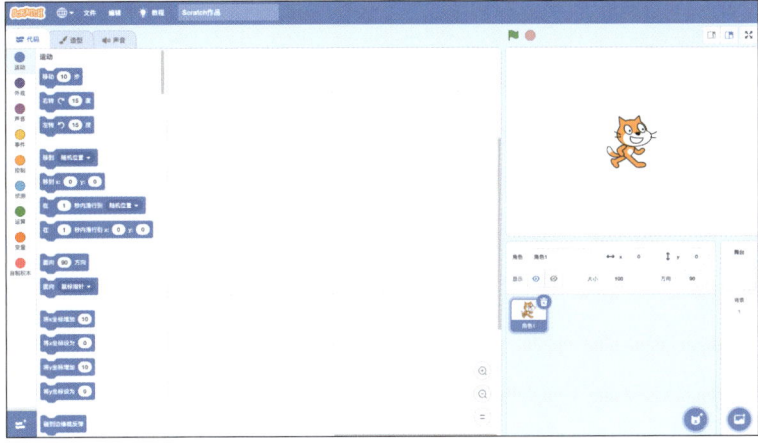

## 2 添加角色

❶ 点击角色目录下［选择角色］菜单内的［选择一个角色］键。

Tip 将角色目录下作为默认角色的［Cat］角色删除。

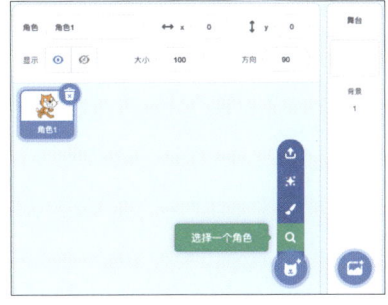

❷ 在角色选择页面选择［Giga］。

Tip ［Giga］角色位于"选择角色－目录－奇幻"内。

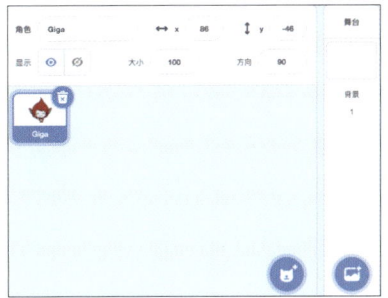

## 3 添加背景

❶ 点击舞台目录下［选择背景］菜单内的［选择一个背景］。

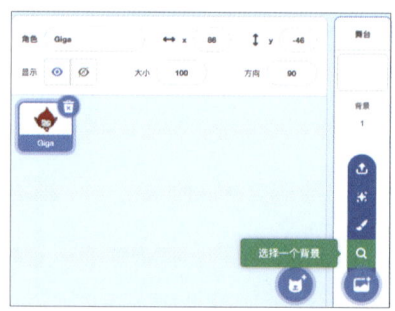

❷ 选择背景选择页面内的［Room2］。

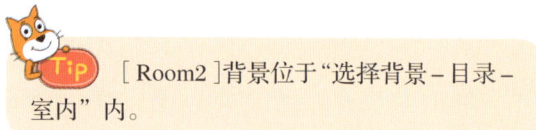

［Room2］背景位于"选择背景-目录-室内"内。

## 4 创建变量

❶ 点击变量积木内的［创建变量］，创建［身高］变量。

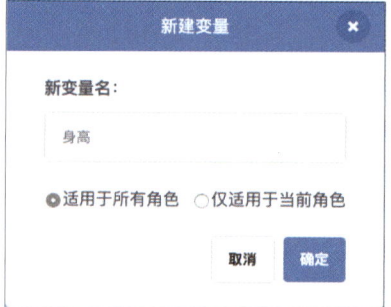

❷ 以同样方法添加［体重］变量。

❸ 以同样方法添加［身体质量指数］变量。

## 5 创建广播信息

① 将事件积木中的"当接收到消息1▼"与"广播
消息1▼"积木拖曳至脚本区。

② 点击下拉框，选择"新消息"，则弹出[新消息]
窗口。

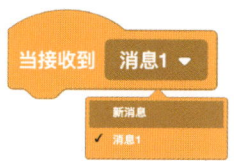

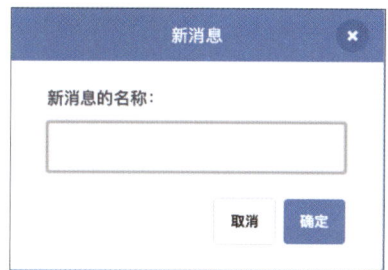

③ 在新消息名称内输入"计算身体质量指数"后，
点击[确定]按钮。

④ 创建"当接收到'计算身体质量指数 ▼'"与"广播
'计算身体质量指数 ▼'"积木。

⑤ 以上两个积木在收到用户的身高与体重信息后，用来计算身体质量指数（BMI）。

## 6 组建〔Giga〕角色的初始化积木

❶ 连接事件积木中的" 当 ▶ 被点击 "积木与运动积木中的" 移到 x: 0 y: 0 "积木并设置位置，并将该组合与控制积木中的" 重复执行 "积木相连接，使得造型持续改变。

```
当 ▶ 被点击
移到 x: 145 y: 5
重复执行
    等待 1 秒
    下一个造型
```

❷ 将事件积木中的" 当 ▶ 被点击 "积木拖曳至脚本区。

❸ 显示"从现在开始计算身体质量指数"后，输入体重（kg）并存储至〔体重〕变量内。

❹ 接下来输入身高（m）并存储至〔身高〕变量内后，广播"计算身体质量指数"信息。

```
当 ▶ 被点击
说 从现在开始计算身体质量指数 1 秒
询问 以kg为单位输入体重。 并等待
将 体重 ▼ 设为 回答
询问 以m为单位输入身高。 并等待
将 身高 ▼ 设为 回答
广播 计算身体质量指数 ▼
```

## 7 计算身体质量指数

❶ 如果收到"计算身体质量指数"信号，就使用收到的体重与身高值计算身体质量指数。

```
当接收到 计算身体质量指数 ▼
将 身体质量指数 ▼ 设为 体重 / 身高 * 身高
```

❷ 将计算出的身体质量指数存储为" 身体质量指数 "变量，并用它判断身体质量指数。

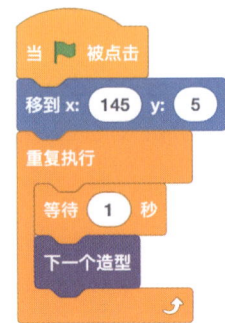

$$\text{BMI 指数}_{(\text{身体质量指数})} = \frac{\text{体重（kg）}}{\text{身高（m）} \times \text{身高（m）}}$$

## 8 ▶ 判断身体质量指数

❶ 使用以上计算身体质量指数的积木组合组建判断身体质量指数的积木组合。

❷ 在控制积木中的"如果~那么"积木内使用存储在"身体质量指数"变量内的值，并使用说话积木告知身体质量指数结果。

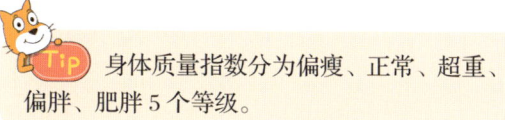
身体质量指数分为偏瘦、正常、超重、偏胖、肥胖 5 个等级。

❸ 告知身体质量指数后，使用控制积木中的"停止全部脚本▼"积木终止判断。

设置区间时，应该从数值小的值开始向数值大的值进行判断。举例来说，如果是 29，则其应判定为处于未满 30 的区间内，但若说其在未满 40 的区间内也没错，故如果不从小到大做判断，可能会发生误判。

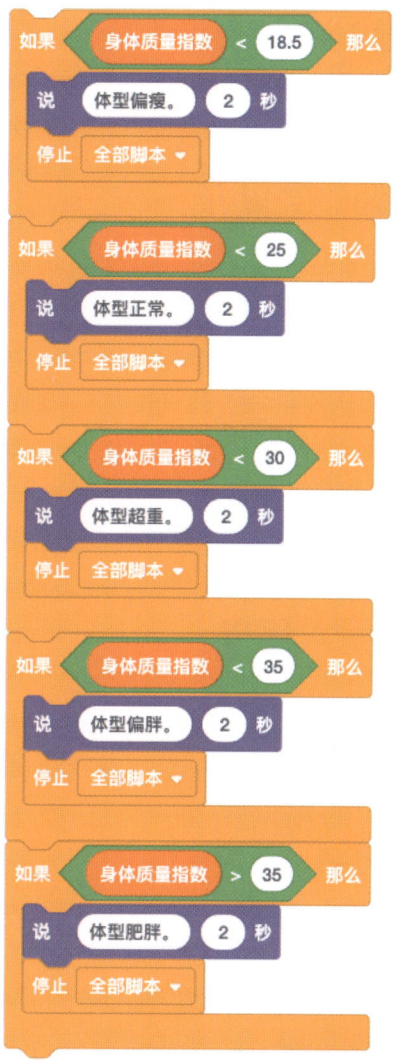

## 9 ▶ 测试并完成

❶ 点击舞台左上方的绿色小旗 🏳，开始计算身体质量指数。

❷ 询问用户的体重（kg）与身高（m），并等待用户输入数值。

❸ 使用用户输入的体重与身高数据计算身体质量指数（BMI）。

❹ 依据得出的数值区间判定身体质量指数并告知用户，程序终止。

## 查看所有代码

以下是已完成的 Scratch 积木。点击舞台左上方的绿色小旗 🚩 运行程序。

如果点击绿色小旗 🚩，则可以测定身体质量指数。输入自己的体重与身高，测一测身体质量指数吧。

让我们来看一看在程序中使用的所有积木吧。

### 组建 [ Giga ] 角色的积木

当 🚩 被点击
移到 x: 145 y: 5
重复执行
　等待 1 秒
　下一个造型

当 🚩 被点击
说 从现在开始计算身体质量指数 1 秒
询问 以kg为单位输入体重。 并等待
将 体重 ▼ 设为 回答
询问 以m为单位输入身高。 并等待
将 身高 ▼ 设为 回答
广播 计算身体质量指数 ▼

当接收到 计算身体质量指数 ▼
将 身体质量指数 ▼ 设为 体重 / 身高 · 身高

如果 身体质量指数 < 18.5 那么
　说 体型偏瘦。 2 秒
　停止 全部脚本 ▼

如果 身体质量指数 < 25 那么
　说 体型正常。 2 秒
　停止 全部脚本 ▼

如果 身体质量指数 < 30 那么
　说 体型超重。 2 秒
　停止 全部脚本 ▼

如果 身体质量指数 < 35 那么
　说 体型偏胖。 2 秒
　停止 全部脚本 ▼

如果 身体质量指数 > 35 那么
　说 体型肥胖。 2 秒
　停止 全部脚本 ▼

# 保存

使用 Scratch 的［文件］菜单，保存自己创作的作品。

请将作品命名为［20. 计算身体质量指数 .sb3］。

### 1. 存储至本地
选择［文件→保存到电脑］，存储至计算机本地。

### 2. 存储至主页
选择在线编辑器菜单中的［文件→立即保存］，存储至 Scratch 主页。

# 一眼看透编码原理

## 使用数学公式

使用之前学习的方法编写了"BMI 指数"程序。为了表示 BMI 指数，需要在外观积木中"将 ~ 设为 ~"积木的输入数值内使用由变量积木与运算积木组合而成的 BMI 指数计算公式。

### BMI（Body Mass Index）指数

身体质量指数是使用身高与体重测定脂肪量的肥胖指数测量方法。将体重除以身高平方的值分为 5 个区间（偏瘦、正常、超重、偏胖、肥胖），并测量肥胖程度。

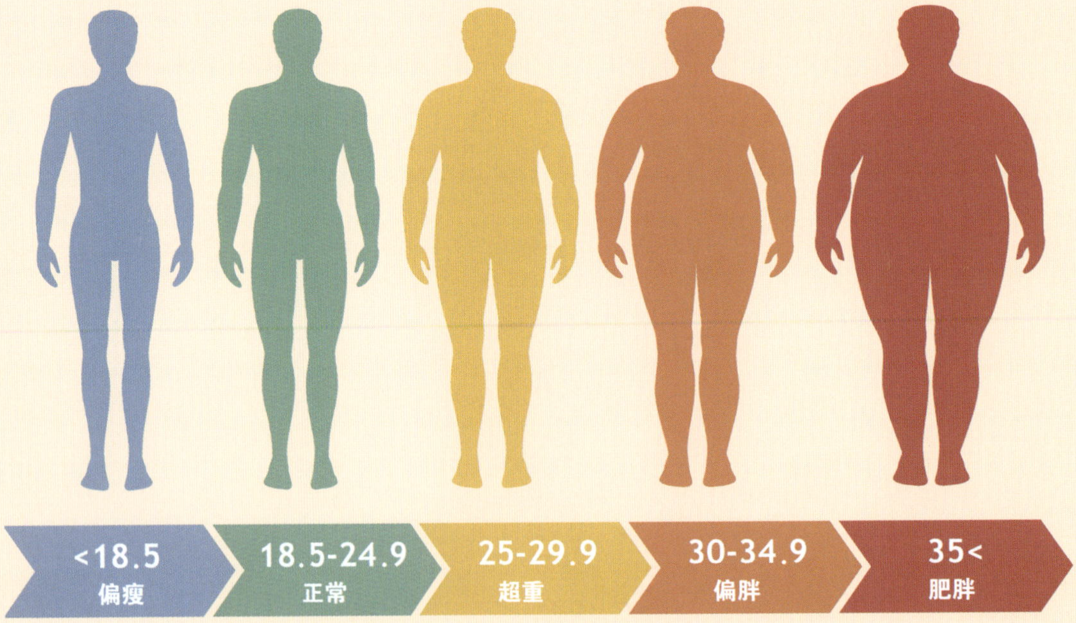

| <18.5 偏瘦 | 18.5-24.9 正常 | 25-29.9 超重 | 30-34.9 偏胖 | 35< 肥胖 |

# 挑战习题

正确答案：第194—195页 ▶▶▶

尝试编写可通过在箭头上单击鼠标左键以增减数字大小、输入自己的身高体重的程序。

 **问题**

单击鼠标左键，输入身高与体重。来试一试吧！

**提示**

请参考如下积木组建程序。

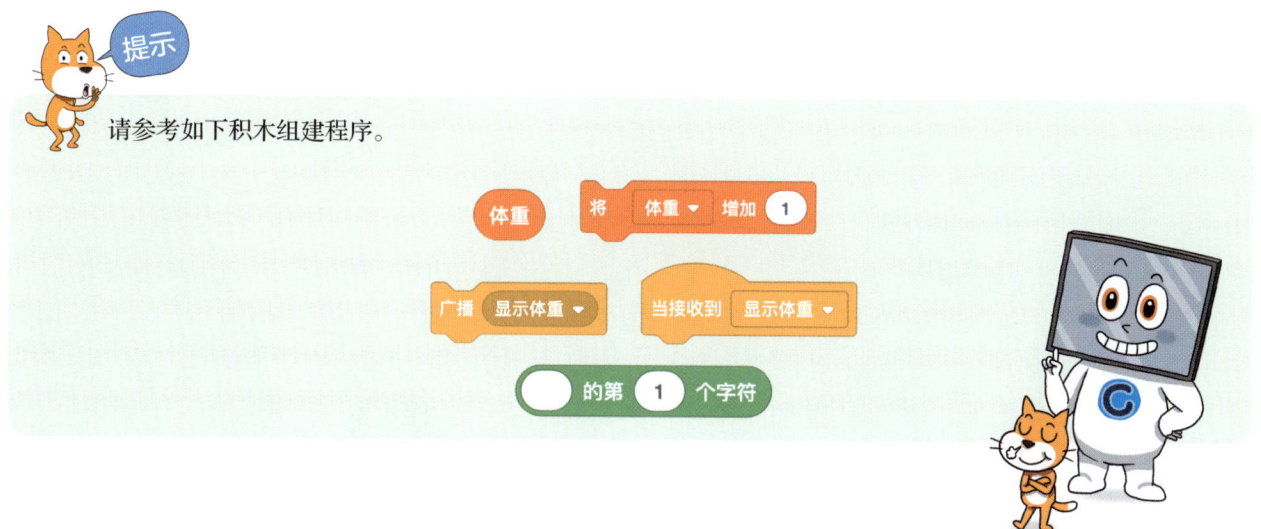

# 附录

- 习题答案
- 积木说明合集
- 备忘录

##  组建〔Avery walker〕角色初始状态积木

❶ 由事件积木中的"当▶被点击"积木开始编写程序。

❷ 设定〔Avery walker〕角色的初始位置。

❸ 选择舞台目录后,将〔造型〕标签页中位于首位的背景设定为初始背景。

Tip 若角色的初始状态由其它积木构成,则添加角色的其它积木就会变得更加简单。

## 组建〔Avery walker〕角色的重复运动积木

❶ 由事件积木中的"当▶被点击"积木开始编写程序。

❷ 使得控制积木中"重复执行"积木内的〔Avery walker〕角色从右侧开始一边改变造型一边进行运动。

❸ 使用控制积木中的"如果~,那么"积木,判断角色是否碰到舞台边缘。

❹ 若〔Avery walker〕角色碰到舞台边缘,则更改背景,将〔Avery walker〕角色移动至初始位置继续运动。

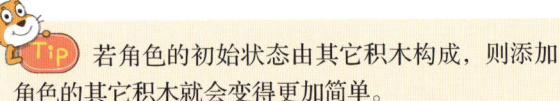

## 组建［倒计时］角色积木

❶ 由事件积木中的"当▪被点击"积木开始编写程序。

❷ 设定［倒计时］角色的初始位置、初始造型以及背景。

❸ 编写程序，使得［倒计时］角色的造型每过 1 秒更改至下一个造型，形成定格动画效果。

❹ 倒计时结束后，隐藏［倒计时］角色，并更改背景。

```
当 ▪ 被点击
显示
移到 x: 0 y: 0
换成 Glow-3 ▼ 造型
换成 Rays ▼ 背景
重复执行 3 次
    等待 1 秒
    下一个造型
等待 1 秒
隐藏
换成 Spotlight ▼ 背景
```

## 组建［Anina Dance］角色积木

❶ 由事件积木中的"当▪被点击"积木开始编写程序。

❷ 在下载的 4 秒内隐藏［Anina Dance］角色。

❸ 倒计时结束后，转换场景，在控制积木中的"重复执行"积木内更改造型以使得［Anina Dance］角色跳起舞来。

```
当 ▪ 被点击
隐藏
等待 4 秒
移到 x: 0 y: 10
换成 anina stance ▼ 造型
将大小设为 60
显示
重复执行
    等待 0.3 秒
    下一个造型
```

## 组建 [Mouse1] 角色积木

① 由事件积木中的"当▶被点击"积木开始编写程序。

当 ▶ 被点击
移到 x: 0 y: 0
面向 90 方向

② 设定 [Mouse1] 角色的初始位置与方向。

③ 为表现 [Mouse1] 角色正在移动,每 0.05 秒更改一次造型并移动 10 步。这时,[Mouse1] 角色向着鼠标指针的方向移动。

当 ▶ 被点击
重复执行
　等待 0.05 秒
　下一个造型
　面向 鼠标指针 ▼
　移动 10 步

 Tip 在舞台上移动鼠标时,则 [Mouse1] 角色跟随鼠标移动。

## 组建 [Donut] 角色积木

① 由事件积木中的"当▶被点击"积木开始编写程序。

当 ▶ 被点击
移到 x: 200 y: 150
将大小设为 60

② 设定 [Donut] 角色的初始位置与大小。

③ 将侦测积木中的"鼠标的 x 坐标"积木与"鼠标的 y 坐标"积木设置为 [Donut] 角色的 x、y 坐标,使得鼠标位置与 [Donut] 角色的位置相同。

当 ▶ 被点击
重复执行
　移到 x: 鼠标的x坐标 y: 鼠标的y坐标

## 组建［Cat］角色积木

❶ 由事件积木中的"当▶被点击"积木开始编写程序。

❷ 设定［Cat］角色的初始位置与方向。

❸ 组建当点击控制积木中"重复执行"积木内的左右方向键时，向各个方向移动10步的积木。

❹ 若［Cat］角色碰触到边界时，旋转180度，向反方向移动10步。

**Tip** 为什么要增加 移动10步 积木呢？这是因为角色如果触碰边界后继续向着行进方向移动的话，会掉下舞台。如果不这样做，则触碰到边界后角色会旋转180度继续行进。

## 组建［Earth］角色积木

❶ 由事件积木中的"当▶被点击"积木开始编写程序。

❷ 设定［Earth］角色的初始位置与方向。

❸ 按下控制积木内"重复执行"积木中的左右方向键时，向各方向滚动15度。

❹ 当［Earth］角色触碰到边界时，旋转90度，向反方向移动10步。

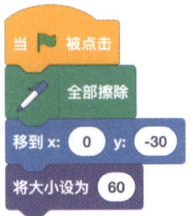

### 组建［Dani］角色积木

❶ 由事件积木中的" 当 ▶ 被点击 "积木开始编写程序。

❷ 点击绿色小旗 ▶ ，擦除之前使用图章功能复制的［Dani］角色，设定初始位置与大小。

❸ 将［Dani］角色设定为，点击时造型每过 0.5 秒复制 5 次。

❹ 复制［Dani］角色时，使用运算积木中的" 在 1 和 10 之间取随机数 "积木，使其在 x 坐标上适用各种造型与颜色特效。

> **Tip** 舞台上的［Dani］角色可以使用鼠标拖曳移动位置，但使用" ✎ 图章 "积木复制出的角色无法被拖曳移动。

第13天 演奏会

## 组建［Drum Kit］角色积木

❶ 由事件积木中的"当按下 ▼ 键"时开始组建程序。

❷ 点击"当按下 ▼ 键"积木中的"▼"键，选择下拉框中的数字"1"。按下键盘上的数字键，可以演奏对应的乐器。

❸ 使用以上组建［Drum Kit］角色积木的方法组建余下角色的积木。

第14天 **今天是毕加索** 第109页

## 组建［Pencil］角色积木

❶ 由事件积木中的"当▶被点击"积木开始编写程序。

❷ 设定［Pencil］角色的初始位置、变量以及绘图初始化功能。

❸ 点击事件积木内"当按下 ▼ 键"积木的"▼"，选择下拉框中的"e"，并与笔刷积木中的"全部擦除"积木相连接。按下 e 键时，可以擦除舞台上所有的图画。

❹ 由事件积木中的"当▶被点击"积木开始编写程序。

❺ 使用运动积木中的"面向鼠标指针▼"积木，使得［Pencil］角色造型的中心与鼠标指针位置相同并重复进行移动。

❻ 若处在点击鼠标的状态下，则以目前设定变量的值设定笔刷颜色与笔刷线条粗细的值，落笔准备画图。此外，若处在未点击鼠标的状态下，则抬笔，停止画图。

当 ▶ 被点击
移到 x: 0 y: 0
将 颜色 ▼ 设为 1
将 线条粗细 ▼ 设为 1
全部擦除
抬笔

当按下 e ▼ 键
全部擦除

当 ▶ 被点击
重复执行
面向 鼠标指针 ▼
如果 按下鼠标? 那么
将笔的颜色设为 颜色
将笔的粗细设为 线条粗细
落笔
否则
抬笔

第15天 **我的梦想，我的未来** 第119页

## 组建背景脚本积木

点击舞台目录中的舞台后，收到"第一次、舞者、探险家"信息时，显示合适的背景。

当接收到 第一次 ▼
换成 Theater 2 ▼ 背景

当接收到 舞者 ▼
换成 Theater ▼ 背景

当接收到 探险家 ▼
换成 Spaceship ▼ 背景

## 组建［Abby］角色积木

❶ 将事件积木中的"当 🚩 被点击"、"当角色被点击"与"广播第一次▼"积木相连接，使得积木在点击绿色小旗 🚩 或者［Abby］角色时，播放"第一次"信息并初始化。

当 🚩 被点击
广播 第一次 ▼

当角色被点击
广播 第一次 ▼

❷ 将事件积木中的"当接收到舞者▼"与外观积木中的"说'我要成为舞者，去参加世界大赛！'"积木相连接，使得点击［Cassy Dance］角色时播放"舞者"信息。

当接收到 舞者 ▼
说 我要成为舞者，去参加世界大赛！

❸ 将事件积木中的"当接收到探险家▼"与外观积木中的"说'我要成为探险家，去星际旅行！'"积木相连接，使得点击［Monet］角色时播放"探险家"信息。

当接收到 探险家 ▼
说 我要成为探险家，去星际旅行！

❹ 组建积木使得收到"第一次"信息时，［Abby］角色的初始位置、大小与造型不停改变。

当接收到 第一次 ▼
移到 x: 0 y: -30
将大小设为 100
重复执行 10 次
　等待 0.3 秒
　下一个造型

## 组建［Abby］角色"提问"信息积木

❶ 添加"提问"信息并广播信息，收到广播的信息时，添加积木并设置习题。

❷ 当主人公［Abby］角色收到"第一次"信息时，将最后一个积木中的显示积木替换为广播"提问"信息积木。

```
当接收到  第一次 ▾
说  我的梦想与我的未来是？  3  秒
将大小设为  70
在  1  秒内滑行到 x:  -180  y:  -100
广播  提问 ▾
```

## 组建［Abby］角色"询问～后等待"积木

❶ 收到"提问"信号时，组建"询问～并等待"积木。

🐱 Tip 运行"询问～并等待"积木时，在舞台下方出现输入回答的空格。只有当用户输入回答时才能继续运行程序。

❷ 用户输入的答案被录入［回答］变量，灵活运用变量的真假条件组建积木。

❸ 将控制积木中的"如果～，那么"积木重复或平行使用，分别组成［回答］变量的条件。

🐱 Tip 如果用户输入的［回答］变量不是"舞者"或者"探险家"，则重新广播"提问"信息，让其输入回答。

```
当接收到  提问 ▾
询问  你好奇我的哪一个未来呢？请在'舞者、探险家'中选择一个输入！  并等待
如果  回答 = 舞者  或  回答 = 探险家  那么
    如果  回答 = 舞者  那么
        广播  舞者 ▾
    如果  回答 = 探险家  那么
        广播  探险家 ▾
否则
    说  请输入'舞者'或者'探险家'！  2  秒
    广播  提问 ▾
```

### 组建［Cassy Dance］角色积木

❶ 由事件积木中的"被点击"积木开始编写程序。

❷ 收到"第一次"信息时，隐藏本角色，4 秒后重新显示。

❸ 收到"舞者"信息时，设定位置，持续更改造型并移动。

---

### 组建［Monet］角色积木

❶ 当绿色小旗 🏳 被点击与收到"舞者"信息时，隐藏角色。

❷ 若收到"第一次"信息，则隐藏本角色，4 秒后重新显示。

❸ 若收到"探险家"信息，则设定位置，持续更改造型并移动。

第 16 天 **剪刀石头布**

第 133 页

## 组建［Button2］角色积木

❶ 使用事件积木中的"当 ▶ 被点击"积木组建游戏的初始状态。

❷ 初始化［Button2］积木的初始位置、背景、造型与变量。

❸ 通过事件积木中的"当角色被点击"积木，点击［Button2］角色开始或者结束游戏。

❹ 如果［状态］变量为"开始"，则设置变量值为"结束"，否则设置变量的值为"开始"。

## 组建［骰子 -1］角色积木

❶ 由事件积木中的"当 ▶ 被点击"积木组建游戏的初始状态。将［骰子 -1］角色的初始位置与造型初始化。

❷"游戏"信息是，若游戏开始，［骰子 -1］角色的造型持续改变，显示掷骰子的过程。

❸"终止"信息是，游戏终止时，根据骰子大小决定胜负。

Tip 控制积木中的"停止全部脚本▼"积木使得所有脚本的运动停止。

## 组建 [骰子 –2] 角色积木

❶ 由事件积木中的"当 ▶ 被点击"积木组建游戏的初始状态。将 [骰子 –2] 角色的初始位置与造型初始化。

❷ "游戏"信息是，若游戏开始，[骰子 –2] 角色的造型持续改变，显示掷骰子的过程。

❸ "终止"信息是，游戏终止时，根据骰子大小决定胜负。

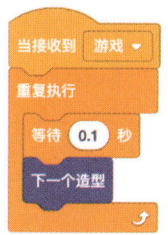

## 组建 [Abby] 角色问答初始化积木

❶ 由事件积木中的"当 ▶ 被点击"积木组建游戏初始状态。此时初始化变量。

❷ 创建可以存储游戏结果的 [分数] 变量以及为调整问答难度而存储的加法乘法 [运算符号] 变量。

Tip 点击 [分数] 变量旁的复选框，可以使其在舞台上显示。

当 ▶ 被点击
将 分数 ▼ 设为 5
将 运算符号 ▼ 设为 +
重复执行
　等待 0.5 秒
　下一个造型

## 组建 [Abby] 角色问答出题积木

❶ 由事件积木中的"当 ▶ 被点击"积木开始组建程序。

❷ 广播问题引导时等待 2 秒，而后提出问题。

❸ 将运算中的 2 个项目分为变量 [左侧] 与 [右侧]，使用随机数随机分配两组变量的值。

❹ 将侦测积木中"询问~并等待"积木内输入的值与问题的字符串相连接，引导用户进行回答。

❺ 以 [运算符号] 变量的值判断用户输入的答案是否正确，并广播信息。

Tip 如果 [分数] 变量的值比 9 大，则将 [运算符号] 变量中的值更改为乘法。

当 ▶ 被点击
等待 2 秒
重复执行
　如果 分数 > 9 那么
　　将 运算符号 ▼ 设为 *
　将 左侧 ▼ 设为 在 1 和 9 之间取随机数
　将 右侧 ▼ 设为 在 1 和 9 之间取随机数
　询问 连接 问题：和 连接 左侧 和 连接 运算符号 和 右侧 并等待
　如果 运算符号 = + 那么
　　如果 回答 = 左侧 + 右侧 那么
　　　广播 正确答案 ▼
　　否则
　　　广播 错误答案 ▼
　否则
　　如果 回答 = 左侧 * 右侧 那么
　　　广播 正确答案 ▼
　　否则
　　　广播 错误答案 ▼
　等待 1 秒

## 组建［Abby］角色信息积木

❶ 添加"回答正确""回答错误""游戏结束"信息，组建广播这些信息时进行对应活动的积木。

❷ 答案正确时，显示"回答正确"，在［分数］变量内增加1。

❸ 答案错误时，显示"回答错误"，在［分数］变量内减去1。

❹ 如果［分数］变量的值比1小，则广播"游戏结束"，结束问答。

❺ 告知"游戏结束！"。

## 组建［Nano］角色积木

❶ 由事件积木中的"当▶被点击"积木组建游戏初始状态。

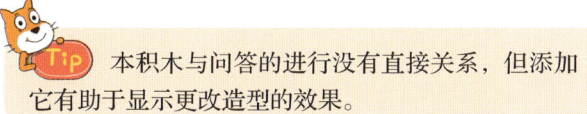
**Tip** 本积木与问答的进行没有直接关系，但添加它有助于显示更改造型的效果。

❷ 随着［分数］变量的改变，［Nano］角色将更改为4种造型，显示游戏的状态。

## 组建 [Rocketship] 角色初始化积木

❶ 由事件积木中的"当 ▶ 被点击"积木组建游戏初始状态。

❷ 将 [Rocketship] 角色的大小、方向与起始位置初始化。

❸ 使用侦测积木中的"计时器归零"积木，在每次程序运行时使秒表从 0 开始计时。

```
当 ▶ 被点击
计时器归零
将大小设为 17
面向 90 方向
移到 x: -109 y: -112
```

## 组建 [Rocketship] 角色键盘事件积木

❶ 使用事件积木中的"当 ▶ 被点击"积木，组建使用键盘上的方向键移动 [Rocketship] 角色的积木。

❷ 组建按下键盘方向键即发生事件的事件积木。

❸ 判断 [Rocketship] 角色是否碰触到迷宫出口的 [Star] 角色，通过秒表计算并告知逃脱迷宫的时间。

```
当 ▶ 被点击
重复执行
  如果 按下 ↑ 键? 那么
    广播 向上箭头
  如果 按下 ↓ 键? 那么
    广播 向下箭头
  如果 按下 ← 键? 那么
    广播 向左箭头
  如果 按下 → 键? 那么
    广播 向右箭头
  如果 碰到 Star ? 那么
    说 计时器 2 秒
    停止 全部脚本
```

## 组建 [Rocketship] 角色信息广播处理积木

❶ 若收到"向上箭头"信息，则将方向设定为"90度"，将 y 坐标向上移动 4。如果碰触到白色的迷宫壁，则回到触碰前所在的位置。

```
当接收到 向上箭头 ▼
下一个造型
面向 90 方向
将y坐标增加 4
如果 碰到颜色 ? 那么
    将y坐标增加 -4
```

❷ 若收到"向下箭头"信息，则将方向设定为"-90度"，将 y 坐标向下移动 4。如果碰触到白色的迷宫壁，则回到触碰前所在的位置。

```
当接收到 向下箭头 ▼
下一个造型
面向 -90 方向
将y坐标增加 -4
如果 碰到颜色 ? 那么
    将y坐标增加 4
```

❸ 若收到"向左箭头"信息，则将方向设定为"0度"，将 x 坐标向左移动 4。如果碰触到白色的迷宫壁，则回到触碰前所在的位置。

```
当接收到 向左箭头 ▼
下一个造型
面向 0 方向
将x坐标设为 -4
如果 碰到颜色 ? 那么
    将x坐标增加 4
```

❹ 若收到"向右箭头"信息，则将方向设定为"180度"，将 x 坐标向右移动 4。如果碰触到白色的迷宫壁，则回到触碰前所在的位置。

```
当接收到 向右箭头 ▼
下一个造型
面向 180 方向
将x坐标设为 4
如果 碰到颜色 ? 那么
    将x坐标增加 -4
```

## 组建舞台

使用侦测积木中的"当前时间的~▼"积木，在舞台上显示时、分、秒。

当前时间的 时 ▼    当前时间的 分 ▼    当前时间的 秒 ▼

## 组建[时钟]角色初始化积木

① 由事件积木中的"当 ▶ 被点击"积木开始编写程序。

② 为了防止[时针]、[分针]、[秒针]被[时钟]角色挡住，将图层下移。

③ 广播[开始]信息，广播[几点]信息，每过1秒显示一次时间。

④ 如果秒钟数值为0，则播放[布谷鸟]信息作为闹钟提醒。

⑤ 如果收到"布谷鸟"信息，则使得[时钟]角色左右摆动。

当 ▶ 被点击
后移 5 层
移到 x: -75 y: -30
广播 开始 ▼

当接收到 开始 ▼
重复执行
  广播 几点 ▼
  如果 当前时间的 秒 ▼ = 0 那么
    广播 布谷鸟 ▼
  等待 1 秒

当接收到 布谷鸟 ▼
重复执行 2 次
  将x坐标增加 10
  等待 0.05 秒
  将x坐标增加 -10
  等待 0.05 秒
  将x坐标增加 -10
  等待 0.05 秒
  将x坐标增加 10
  等待 0.05 秒

## 组建[时针]角色积木

① 组建[时针]角色收到"几点"信息情况下的积木。

② 计算机发送的时间是24小时制，故增加更改为12小时制的积木。

③ 为了更加精确地表现时针的位置，设置时针随着分针的运动逐渐移动。

当接收到 几点 ▼
将大小设为 80
移到 x: -65 y: -45
如果 当前时间的 时 ▼ > 12 那么
  面向 当前时间的 时 ▼ - 12 · 30 + 当前时间的 时 ▼ · 60 · 30 方向
否则
  面向 当前时间的 时 ▼ · 30 + 当前时间的 时 ▼ · 60 · 30 方向

## 组建［分针］角色积木

❶ 组建［分针］角色收到"几点"信息情况下的积木。

❷ 60 分钟分针旋转 360 度，则依据 360/60，每分钟旋转 6 度。以此数值设定旋转方向。

```
当 ▶ 被点击
移到 x: -70 y: -40
面向 当前时间的 分 ▾ · 6 方向
```

## 组建［秒针］角色积木

❶ 组建［秒针］角色收到"几点"信息情况下的积木。

❷ 60 秒钟秒针旋转 360 度，则依据 360/60，每秒钟旋转 6 度。以此数值设定旋转方向。

```
当接收到 几点 ▾
移到 x: -70 y: -40
面向 当前时间的 秒 ▾ · 6 方向
```

## 组建［Rooster］角色积木

❶ 收到"布谷鸟"信息后，［Rooster］角色出现在舞台上并报时。

❷ 更改造型、播放声音后隐藏。

```
当 ▶ 被点击
移到 x: 135 y: -70
隐藏
```

```
当 ▶ 被点击
显示
换成 rooster-a ▾ 造型
重复执行 7 次
    等待 0.2 秒
    下一个造型
隐藏
```

## 组建［Gobo］角色初始化积木

❶ 由事件积木中的"当▶被点击"积木开始编写程序。

❷ 设置［体重］、［身高］变量的默认值。

❸ 广播"显示体重"、"显示身高"信息。当点击［箭头］角色时，［数字］角色的造型将会发生变化。

❹ 通过"重复执行"积木更改造型，表示动作的更改。

```
当▶被点击
移到 x: -150 y: -100
将 体重 设为 40
将 身高 设为 145
广播 显示体重
广播 显示体重
重复执行
    等待 0.2 秒
    下一个造型
```

## 组建［Gobo］角色身体质量指数判断积木

❶ 通过事件积木中的"当角色被点击"积木开始编写程序。

❷ 输入身体质量指数公式后，存储在［身体质量指数］变量内。

> **Tip** 由于以 cm 为单位输入身高，为将其单位更改为 m，则将［身高］变量除以 100。

❸ 组建身体质量指数判断区间的积木，通过显示积木告知结果。

```
当角色被点击
将 身体质量指数 设为 体重 / 身高 / 100 · 身高 / 100
如果 身体质量指数 < 15.5 那么
    说 体重偏低。 2 秒
否则
    如果 身体质量指数 < 25 那么
        说 体重正常。 2 秒
    否则
        如果 身体质量指数 < 30 那么
            说 体重超重。 2 秒
        否则
            如果 身体质量指数 < 35 那么
                说 体重偏重。 2 秒

如果 身体质量指数 > 35 那么
    说 体重过重。 2 秒
```

## 组建数字显示积木

❶ 体重显示为 2 位数，身高显示为 3 位数。

❷ 收到"显示体重"信息时，依据［体重］变量的数值，更改数字面板上的数值。

❸ 收到"显示身高"信息时，依据［身高］变量的数值，更改数字面板上的数值。

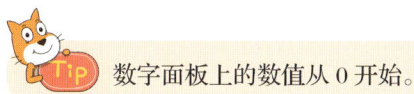

数字面板上的数值从 0 开始。

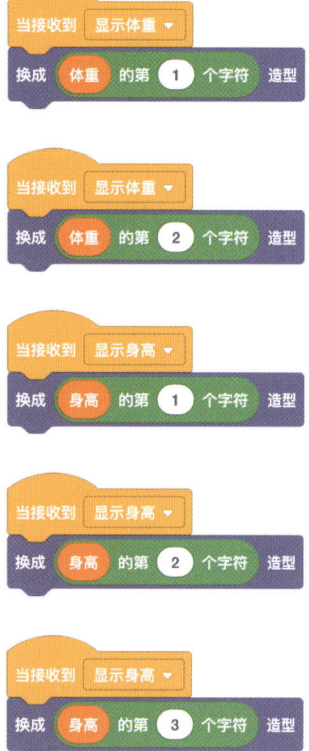

## 组建箭头积木

❶ 点击［箭头］角色，可增加或减少数字，以输入体重与身高。

❷ 每当点击向上箭头将［体重］或是［身高］变量的数值增加 1 时，则广播"显示体重"或者"显示身高"信息。增加数字面板上的数字。

❸ 每当点击向下箭头将［体重］或是［身高］变量的数值减少 1 时，则广播"显示体重"或者"显示身高"信息。减少数字面板上的数字。

# 积木说明合集

 运动附录

| 积木 | 说明 |
|---|---|
| 移动 10 步 | 将该角色右转移动 10 步。 |
| 右转 C 15 度 | 将该角色右转 15 度。 |
| 左转 つ 15 度 | 将该角色左转 15 度。 |
| 移到 随机位置 ▾ | 向随机位置或者鼠标指针所在的位置移动角色。 |
| 移到 x: 0 y: 0 | 向输入的 x 坐标与 y 坐标位置移动角色。 |
| 在 1 秒内滑行到 随机位置 ▾ | 在 1 秒内向随机位置或者鼠标指针指向的位置移动角色。 |
| 在 1 秒内滑行到 x: 0 y: 0 | 在规定时间内将角色移动至指定的 x、y 坐标轴。 |
| 面向 90 方向 | 设定该角色的方向。 |
| 面向 鼠标指针 ▾ | 将角色的方向设定为鼠标指针的方向。 |
| 将x坐标增加 10 | 将角色的 x 坐标从当前位置移动至指定位置。 |
| 将x坐标设为 0 | 将角色的 x 坐标设定为输入值。 |
| 将y坐标增加 10 | 将角色的 y 坐标从当前位置移动至指定位置。 |
| 将y坐标设为 0 | 将角色的 y 坐标设定为输入值。 |
| 碰到边缘就反弹 | 碰触界面边界后，将角色的行进方向更改为相反方向。 |
| 将旋转方式设为 左右翻转 ▾ | 设置角色的旋转方式。 |
| x 坐标 | 有着角色的 x 坐标值的变量。 |
| y 坐标 | 有着角色的 y 坐标值的变量。 |
| 方向 | 有着角色的方向值的变量。 |

| 积木 | 说明 |
|---|---|
| 说 你好！ 2 秒 | 将输入的文字以设定的秒数为单位在对话框中展示。 |
| 说 你好！ | 将输入的文字在对话框中展示。 |
| 思考 嗯…… 2 秒 | 将输入的文字以设定的秒数为单位在想法框中展示。 |
| 思考 嗯…… | 将输入的文字在想法框中展示。 |
| 换成 造型1 ▾ 造型 | 将角色的形状更改为选择的形状。 |
| 下一个造型 | 将角色的形状更改为下一个顺序的形状。 |
| 换成 背景1 ▾ 背景 | 将背景更改为选择的背景。 |
| 下一个背景 | 将背景更改为下一个顺序的背景。 |
| 将大小增加 10 | 以现在的大小为基础变动一定的百分比。 |
| 将大小设为 100 | 以百分比%单位设置角色的大小。 |
| 将 颜色 ▾ 特效增加 25 | 将角色或者背景的颜色设置为设定值。 |
| 将 颜色 ▾ 特效设定为 0 | 将角色或者背景的颜色设置为设定值。 |
| 清除图形特效 | 擦除应用在角色或者背景内的图像效果。 |
| 显示 | 使角色在舞台上显示。 |
| 隐藏 | 使角色在舞台上隐藏。 |
| 移到最 前面 ▾ | 当多个角色重叠时，更改显示顺序。 |
| 前移 ▾ 1 层 | 当多个角色重叠时，更改显示顺序。 |
| 造型 编号 ▾ | 随角色形状变化的变量。 |

续表

| 积木 | 说明 |
|---|---|
| 背景 编号 ▼ | 随背景变化的变量。 |
| 大小 | 随角色目前大小值变化的变量。 |

声音积木

| 积木 | 说明 |
|---|---|
| 播放声音 喵 ▼ 等待播完 | 延迟下一个积木的运行，直至声音播放完成为止。 |
| 播放声音 喵 ▼ | 播放声音。<br>默认值为声音标签页中存储的"喵"。 |
| 停止所有声音 | 停止所有声音。 |
| 将 音调 ▼ 音效增加 10 | 将音效更改为指定的值。 |
| 将 音调 ▼ 音效设为 100 | 设定音效。 |
| 清除音效 | 删除已设定的音效。 |
| 将音量增加 -10 | 将音量更改为设定值。 |
| 将音量设为 100 % | 将音量设定为指定的百分比。 |
| 音量 | 随设定的音量变化的变量。 |

事件积木

| 积木 | 说明 |
|---|---|
| 当 ▶ 被点击 | 点击舞台左上方的绿色小旗 ▶ 时，运行该积木下的脚本。一般在初次运行 Scratch 时使用。 |
| 当按下 空格 ▼ 键 | 按下键盘上设定的键时，将运行该积木下的脚本。 |

| | |
|---|---|
| 当角色被点击 | 点击该角色时，运行该积木下的脚本。 |
| 当背景换成 背景1 ▼ | 将背景设定为其它背景时，运行该积木下的脚本。 |
| 当 响度 ▼ > 10 | 当音量或秒表超过设定值时，运行该积木下的脚本。 |
| 当接收到 消息1 ▼ | 当收到设定的消息信号时，运行该积木下的脚本。也可以设定新信息。 |
| 广播 消息1 ▼ | 发送设定的消息信号。 |
| 广播 消息1 ▼ 并等待 | 发送设定的消息信号后，收到该消息信号时。 |

## 控制积木

| 积木 | 说明 |
|---|---|
| 等待 1 秒 | 等待以秒数为单位的设定时间后，运行下一个积木。 |
| 重复执行 10 次 | 将内部积木重复设定的次数。 |
| 重复执行 | 重复执行内部积木。 |
| 如果 那么 | 依据设定的条件，运行内部的积木。 |
| 如果 那么 否则 | 依据设定的条件运行内部积木，如果非该条件，则运行"否则"的内部积木。 |
| 等待 | 按照设定的条件等待后运行下一个积木。 |

续表

| 积木 | 说明 |
|------|------|
| 重复执行直到 ◆ | 按照设定的条件为止一直重复。 |
| 停止 全部脚本 ▾ | 停止运行设定的对象脚本。 |
| 当作为克隆体启动时 | 配置积木作为克隆体启动时的操作。 |
| 克隆 自己 ▾ | 复制选中的角色。 |
| 删除此克隆体 | 删除被复制的角色。 |

## 侦测积木

| 积木 | 说明 |
|------|------|
| 碰到 鼠标指针 ▾ ？ | 侦测角色是否碰触到鼠标指针或边界等。 |
| 碰到颜色 ● ？ | 侦测是否碰触到设置的颜色。 |
| 颜色 ● 碰到 ● ？ | 侦测设置的 2 种颜色是否互相接触。 |
| 到 鼠标指针 ▾ 的距离 | 计算该角色与鼠标指针等之间的距离值。承担一种变量的作用。 |
| 询问 What's your name? 并等待 | 用对话框形式提出问题，并等待用户输入数值。 |
| 回答 | 用对话框形式提出问题，并存储用户输入的数值。 |
| 按下 空格 ▾ 键？ | 侦测是否在键盘上按下对应键。 |
| 按下鼠标？ | 侦测在舞台上点击鼠标的区域。 |
| 鼠标的x坐标 | 随鼠标指针的 x 坐标变化的变量。 |
| 鼠标的y坐标 | 随鼠标指针的 y 坐标变化的变量。 |
| 将拖动模式设为 可拖动 ▾ | 设定角色是否可被拖曳。 |

续表

| | |
|---|---|
| 响度 | 随音量变化的变量。 |
| 计时器 | 随秒表数值变化的变量。 |
| 计时器归零 | 将秒表数值复原为 0。 |
| 舞台 ▾ 的 backdrop # ▾ | 随被选中的角色或者舞台属性变化的变量。 |
| 当前时间的 年 ▾ | 设定目前的日期、星期、时间等数值。 |
| 2000年至今的天数 | 调出从 2000 年后到今天为止的天数。 |
| 用户名 | 显示登录用户的名称。 |

## 运算积木

| 积木 | 说明 |
|---|---|
| ○ + ○ | 将录入的两个数值相加。 |
| ○ - ○ | 将录入的两个数值相减。 |
| ○ * ○ | 将录入的两个数值相乘。 |
| ○ / ○ | 将录入的两个数值相除。 |
| 在 1 和 10 之间取随机数 | 在两个值之间创建一个随机数。 |
| ○ > 50 | 在指定的两个数中，左侧的数比右侧的数大。 |
| ○ < 50 | 在指定的两个数中，右侧的数比左侧的数大。 |
| ○ = 50 | 在指定的两个数中，左右两侧的数大小相等。 |
| 与 | 判断比较的 2 个运算数值是否均为真。 |
| 或 | 判断比较的 2 个运算数值是否有 1 个以上为真。 |

| 积木 | 说明 |
|---|---|
| 不成立 | 将比较的运算结果更改为相反值。<br>如果运算结果为真（true），则更改为假（false），如果运算结果为假，则将结果更改为真。 |
| 连接 apple 和 banana | 连接 2 个字符串。 |
| apple 的第 1 个字符 | 返回字符串中该顺序的字母。 |
| apple 的字符数 | 返回字符串中个数的结果数值。 |
| apple 包含 a ？ | 判断字符串中是否包含特定文字，并返回真（true）或假（false）。 |
| 除以 的余数 | 返回两数相除后的余数。 |
| 四舍五入 | 将小数点以下的值四舍五入。 |
| 绝对值 ▼ | 以选择的运算符计算输入的数值。 |

## 变量积木

| 积木 | 说明 |
|---|---|
| 我的变量 | 生成的变量，在这里为其取名为［我的变量］。 |
| 将 我的变量 ▼ 设为 0 | 将［我的变量］变量值设定为输入值。 |
| 将 我的变量 ▼ 增加 1 | 将［我的变量］变量值更改输入值。如果现在的变量值为 1，输入值为 2，则更改后的变量值为 3。 |
| 显示变量 我的变量 ▼ | 使得［我的变量］在舞台上显示。 |
| 隐藏变量 我的变量 ▼ | 使得［我的变量］在舞台上隐藏。 |
| myList | 生成的列表，在这里为其取名为［myList］。 |
| 将 东西 加入 myList ▼ | 在［myList］内添加输入值。 |
| 删除 myList ▼ 的第 1 项 | 将输入值顺序的项目从［myList］列表内删除。 |

续表

| 积木 | 说明 |
|---|---|
| 删除 myList ▼ 的全部项目 | 删除［myList］列表内的所有项目。 |
| 在 myList ▼ 的第 1 项前插入 东西 | 将输入值放入［myList］列表中的输入顺序。 |
| 将 myList ▼ 的第 1 项替换为 东西 | 将［myList］列表中的输入顺序项更改为输入值。 |
| myList ▼ 的第 1 项 | 返回［myList］列表中输入顺序的项目。 |
| myList ▼ 中第一个 东西 的编号 | 返回［myList］列表中输入项目的位置。 |
| myList ▼ 的项目数 | 返回［myList］列表的长度。 |
| myList ▼ 包含 东西 ？ | 判断［myList］列表内是否有输入的值。 |
| 显示列表 myList ▼ | 在舞台上显示［myList］列表。 |
| 隐藏列表 myList ▼ | 在舞台上隐藏［myList］列表。 |

## 音乐积木

| 积木 | 说明 |
|---|---|
| 击打 (1) 小军鼓 ▼ 0.25 拍 | 将选择的打击乐器演奏输入的拍子数。 |
| 休止 0.25 拍 | 休止输入的节拍。 |
| 演奏音符 60 0.25 拍 | 将输入的音符演奏输入的拍子数。 |
| 将乐器设为 (1) 钢琴 ▼ | 将乐器设定为选择的值。 |
| 将演奏速度设定为 60 | 将速度设定为输入的值。 |
| 将演奏速度增加 20 | 将目前的速度更改输入值。 |
| 演奏速度 | 目前设置的速度变量。 |

## 笔刷积木

| 积木 | 说明 |
|---|---|
| 全部擦除 | 将现有的线条擦除。 |
| 图章 | 复制形状。 |
| 落笔 | 开始画线。 |
| 抬笔 | 停止画线。 |
| 将笔的颜色设为 ⬤ | 以选择的颜色设定线条颜色。 |
| 将笔的 颜色 ▾ 增加 10 | 将现在的现调颜色更改输入值。 |
| 将笔的 颜色 ▾ 设为 50 | 将现有的现调颜色设定为输入值。 |
| 将笔的粗细增加 1 | 将现有的线条粗细变更输入值。 |
| 将笔的粗细设为 1 | 将线条的粗细设定为输入值。 |

# 备忘录